ヒトはどこまで進化するのか

The Meaning of Human Existence

Edward O. Wilson

訳 小林由香利 解説 長谷川眞理子

Yukari Kobayashi Mariko Hasegawa

エドワード・O・ウィルソン

ヒトはどこまで進化するのか

The Meaning of Human Existence

目次

Ⅲ　アザーワールド

Ⅳ　心の偶像

本文中の＊は訳者による注を示す。

I　人間が存在する意味

歴史学は先史学を抜きにしてはほとんど意味をなさず、先史学は生物学を抜きにしてはほとんど意味をなさない。先史学と生物学の知識は急速に増加し、その結果、人類がいかにして誕生し、なぜ私たちのような種がこの地球に存在するのかに光が当たっている。

第1章

意味の意味するもの

人間は宇宙で特別な地位を占めているのだろうか。個人の一生にはどんな意味があるのだろう。こうした問いに検証できる形で答えられるに十分なほど、宇宙と私たち自身についての知識は進んだと私は思う。私たちは自分自身の目で暗いガラスを見通し、パウロの預言を実現できる。「わたしの知るところは、今は一部分にすぎない。しかしその時には、わたしが完全に知られているように、完全に知るであろう」（『新約聖書』コリント人への第一の手紙、日本聖書協会・口語訳）。しかし私たち人間の位置づけと意味は、パウロが予想したのとは違う形で、似ても似つかぬ形で、明らかになってきた。これからそのことについて話し、共に論理的に考えていこう。

そのための旅の案内役を、私に務めさせていただきたい。まずは人間の起源とこの世での位置づけという、私が『人類はどこから来て、どこへ行くのか』（化学同人刊）で別の角度から取り組んだテーマについて見ていく。続いて、自然科学のなかからいくつかの段階を経て人文科学の分野に分け入り、それから再び、「私たちはどこへ行くのか」という、より難しい問いと、「それはなぜか」という最大の難問に立ち返る。

私が思うに、そろそろ学問の二大分野を統合する可能性を提案してもいいころだ。人文科学は科学の領域に新境地を切り拓く気があるのだろうか。ことによると、そのために少しばかり助けを借りるだろうか。ただひとりの頭脳が思い描いたSFという空想の世界を、多くの頭脳が現実の科学に基づいて生み出した、はるかに多様な新世界でもって置き換える可能性についてはどうだろう。詩人や視覚芸術家は、ありふれた夢の範囲を超えて現実の世界に未知の次元と深みと意味を探ることを考えてみるだろうか。彼らは、ニーチェが著書『人間的、あまりに人間的』において、知識と想像力の両端を囲む虹の色と呼んだものの真の姿を見いだすことに興味を抱くだろうか。その虹の色にこそ意味は見いだせる。

普通「意味」という言葉には意図という含みがあり、意図という言葉には設計という含みが、設計という言葉には設計者という含みがある。どんな存在であれ、プロセスであれ、あるいは言葉の定義自体であれ、設計者が頭のなかで意図した結果として使われる。これが既成宗教、とりわけその創世神話の哲学的世界観の核となっている。そうした世界観の前提によれば、人間は目的があって存在する。個人は目的があってこの世に存在する。人間全体にも個人にも意味があるのだ。

「意味」という言葉はまた別の、より広い意味でも使われ、非常に異なる世界観を暗示する。意味は設計者の意図ではなく、歴史の偶然から生まれるという世界観だ。あらかじめ設計されるのではなく、物理的な原因と結果が絡み合い重なり合っている。歴史は宇宙の一般法則のみにしたがって展開する。個々の出来事はランダムに生じるが、その後の出来事の確率を変える。たとえば、生物進化の過程で自然選択によってある適応が生じると、別のひとつの適応が生じる確率が高くなる。意味をこのように捉えるのは、人類をはじめとする生命を解き明かそうとするときの科学の世界観だ。

宇宙においても人間のありようにおいても、ほかに無数の可能な現実があるなかで、現在のこの現実が進化した点に、第二の、より包括的な意味が存在する。過去に、より複雑な生命体と生物学的プロセスが生じ、生物の行動は意図的な意味を組み込む方向に進化した。まず最古の多細胞生物の感覚・神経系が生まれ、続いてまとめ役となる脳が生まれ、最後に意図を実現する行動が生まれた。クモは、結果を意識しているかどうかに関係なく、ハエを捕まえるために巣を張る。それがクモの巣の意味だ。ヒトの脳もクモの巣と同じ法則で進化した。人間の意思決定はどれも、第一の意図的なほうの意味を持つ。しかし意思決定能力と、その能力が生まれた経緯と理由、およびその結果は、人間存在のより広い、科学的根拠に基づくほうの意味である。

意思決定能力が生まれた結果の最たるものは、可能性のある未来を想像し、そのなかから選択して計画する能力だ。この人間ならではの能力をいかに賢く使うかは、私たちの自己理解の正確さにかかっている。なかでも最も重要なのは、人間がどんな経緯と理由で現在のように進化したのかを知り、そこから、私たちが未来について抱く相反する多くの展望の意味を知ることだ。

科学技術の進歩は人間を、息子を手にかけようとするアブラハムを神が止めたとき以来の倫理的ジレンマに直面させるだろう。人間の遺伝子型*にどこまで手を加えてもいいのか。かなりか、少しか、それとも一切加えるべきではないのか。私たちは選択を迫られるはずだ。なぜなら人類はこのテクノサイエンス時代に最も重要でありながら、まだ最も検討されていない閾《しきい》を越えようとしているのだから。私たちは今にも、人間を生み出した自然選択のプロセスを捨て、人間の生物学的特質と本性を望みどおりにつくり変える自発的選択のプロセスによる進化に向かおうとしている。一部の遺伝子（より厳密には対立遺伝子。同じ遺伝子だが暗号に変異のあるもの）が他の遺伝子よりも集団中に広がっている状態が、環境要因によるのではなくなるだろう。環境要因は、人間の力が及ばないどころか理解さえ及ばない場合がほとんどだが、遺伝子とその遺伝子が決定する形質なら、私たちで選択できる。それならば寿命を延ばし、記憶力を増進し、視力を向上させ、攻撃的な振る舞いを緩和し、運動能力を高め、体臭をいい香りにして……と、あれもこれも変えたくなっていく。

生物学には「どのようにして」と「なぜ」の説明がつきもので、それぞれ生命プロセスの「至近的」「究極的」説明と呼ばれる。至近的説明というのはたとえば、人間は手が二本に指が一〇本ずつあり、それを使ってこういうふうにする、というもの。究極的説明の

＊　生物個体が持つ形態や行動の特徴を「形質」といい、形質を決定する遺伝子の構成を「遺伝子型」、遺伝子型が形質として表現されたものを「表現型」という。たとえば、Aという遺伝子型を持つエンドウは紫の花を咲かせ、Bという遺伝子型を持つエンドウは白の花を咲かせる場合、紫と白は花の色という形質のふたつの表現型ということになる。

ほうは、そもそもなぜ人間には手が二本、指が一〇本あるのか、なぜそれを使ってほかのことではなくこういうことをしがちなのかを説明する。至近的説明では、体と感情は特定の活動に従事するようプログラムされていると理解する。究極的説明では、なぜほかのプログラムではなくこのプログラムになっているのかに答える。人間のありようを説明し、それによって人間の存在に意味を与えるためには、両方のレベルの説明が必要だ。

次章からは人間の第二の、より広い意味を探っていく。人間は進化の過程で一連の出来事の積み重ねによってまったく独自に登場した、というのが私の主張だ。人間はあらかじめ決まった目標があるわけではなく、ほかの何者でもなく自分自身が正しいと信じる行動をする。信心ではなく自己理解に基づく賢さだけが私たちを救う。贖罪だの、天から授けられる第二のチャンスだのは存在しない。私たちが住む星は地球ひとつだけで、解き明かすべき意味もひとつだけだ。私たちの旅の一歩を踏み出すため、人間のありようを理解するためには、次に歴史の定義を従来よりはるかに広げる必要がある。

第2章 人間という種の謎を解く

現在の人間のありようを把握するには、種の生物学的進化と、人間を先史時代に導いた環境とを合わせる必要がある。人間を理解するこの仕事は、人文科学だけに任せるにはあまりにも重要で、あまりにも厄介だ。哲学から法学、歴史学、芸術にいたるまで、人文科学の多くの分野が、非凡さを織り交ぜて非常に詳しくではあるが、行きつ戻りつ組み合わせを変えながら人間の本性の特殊性について語ってきた。にもかかわらず、考えられる多くの性質のなかから私たちが特定の性質だけを備えている理由については解き明かされていない。その意味で、人文科学は人類という種の存在の意味を完全に理解するにはいたっておらず、それはこの先も変わらないだろう。

では答えられる範囲で、人間とは何だろうか。大いなる謎を解くカギは、人間を生み出した環境とプロセスにある。人間のありようは歴史の産物だ。それも文明が誕生してからの六〇〇〇年にとどまらず、はるか太古の昔からの、何十万年もの歴史だ。謎に対する完全な答えを求めるには、そのすべてを、生物進化と文化進化の両方を、切れ目なく探らなければならない。人間の歴史はその全容を眺めたとき、人間が生まれ存続してきた経緯と理由を知るカギにもなる。

大部分の人は、歴史というのは超自然的な意図が展開していくもので、その書き手に敬意を払うべきだと考えたがる。そう考えれば気が楽だが、そんな解釈は、現実の世界に関する知識が拡大するにつれて支持しづらくなっている。とくに科学的知識は、科学者と学術雑誌の数から判断すれば、一世紀にわたって一〇年から二〇年ごとに倍々に増えている。かつての伝統的な説明では、創世神話と人文科学がないまぜになって、人間という種の存在に意味を与えてきた。私たちの存在という大いなる謎に対する、よりしっかりした根拠に基づく答えを探すなかで、科学は人文科学に、そして人文科学は科学に何を与えうるか、そろそろ考えてみるべきだ。

まず、生物学者は、人間の高度な社会行動の生物学的起源が、動物界の別のところで起きているものに似通っている点に気づいた。昆虫から哺乳類まで無数の動物の種に関する比較研究を使用し、最も複雑な社会は真社会性*から生まれたと結論づけた。真社会性とは大まかにいえば、「本当の」社会的な状態だ。というからには当然、真社会性を持つ集団のメンバーは、数世代をとおして子育てをする。彼らはまた分業をして、一部の個体が自分自身の繁殖の一部を犠牲にして、他のメンバーの「繁殖成功度」（生涯に生む子供の数）を増やすようにしている。

真社会性の奇妙さが際立つ理由はいくつかある。ひとつは極めてまれである点。過去四億年に進化を遂げた陸生動物の系統は無数にあるが、そのうち真社会性が出現したのは、これまでにわかっているかぎりでは、昆虫、海洋性甲殻類、地中性齧歯類の一九回のみである。人類を入れて二〇回だ。ひょっとしたらサンプルの偏りの影響で、実際の数ははるかに多い可能性はある。それでも真社会性の発生回数が相対的に極めて少ないのは間違いない。

＊「母親だけでなく、他の多くの個体が共同で子の世話をする」「繁殖が分業化されており、子を産まない個体は子を産む個体のために働く（たとえばアリの場合、女王アリが繁殖を行い、働きアリは繁殖を行わない）」「親子が共に生活する」という三つの特徴を持つ社会性のこと。アリ、スズメバチ、ミツバチ、シロアリ、アブラムシ、ハダカデバネズミなどが真社会性を持つ。

さらに、これまでに知られている真社会性の種が生命の歴史に登場したのは、かなり遅かった。今から三億五〇〇〇万年から二億五〇〇〇万年前、古生代に昆虫の種が大きく多様化して現在の種類に近づいた時期には、真社会性の発生は一度もなかったようだ。中生代に入っても、二億年前から一億五〇〇〇万年前に最古のシロアリとアリが現れるまで、真社会性を持つ種が存在した証拠は見つかっていない。ホモ属レベルの人類が出現したのはごく最近で、旧世界ザルの数千万年に及ぶ進化を受けてのことだった。

真社会性級の高度な社会的行動は、いったん実現すると、生態学的に大きな成功を収めた。動物の一九の独立した系統のうち、昆虫のなかのわずか二種――アリとシロアリ――が、陸の無脊椎動物の世界に君臨している。アリとシロアリは、現存する既知の昆虫一〇〇万種のなかで二万種にも満たないにもかかわらず、体重では世界の昆虫の半分以上を占めている。

真社会性の歴史はひとつの疑問を提起する。この進んだ社会行動は多大なメリットをもたらすというのに、なぜこれほどまれで、出現も遅いのか。原因はどうやら、真社会性が生じる最終段階になる前に起こっているはずの進化上の特別な変化にあるらしい。これまでに分析されたすべての真社会性の種において、真社会性への前段階は敵から守られた巣をつくることだ。守られた巣を拠点にして餌を探し、巣のなかで子供を育てる。最初に巣をつくるのは独身のメス、つがい、あるいは小規模で結びつきの緩やかな群れなどだ。この最終準備段階が達成されたら、あとは親と子が巣にとどまり、さらに数世代にわたって子育てをすれば、真社会性のコロニーが生まれる。そうした原始的な群れはすぐに、リスク受容型の食糧調達係とリスク回避型の親および養育係とに分かれる。

霊長類のなかでたったひとつの系統だけが、まれにしか発生しない真社会性レベルに到達した原因は何だったのか。古生物学者によれば、当時の環境は質素だった。約二〇〇万年前のアフリカで、原初のアウストラロピテクス属のひとつの種がそれまでの菜食からはるかに肉食中心の食生活に移行し始めたのは明らかだ。動物の肉のように高エネルギーで広範囲に拡散している食糧源を手に入れるためには、現在のチンパンジーやボノボのように大人と子供が緩やかに組織された群れで移動するのでは割に合わなかった。それよりも野営地（すなわち巣）を拠点にして狩猟隊を送り出し、彼らが仕留めるなどして持ち帰った獲物を皆で分けるほうが効率がよかった。狩猟隊はその見返りとして野営地に守られ、子供も預けた。

狩猟採集生活をしている人々の暮らしぶりからは人類の起源について非常に多くのこと

がわかるが、彼らも含めた現代の人間の研究から、社会心理学では狩猟と野営地の発生を機に心の進化が始まったと推論している。野営地を拠点とする集団では、メンバー同士の競争と協力の双方に適した人間関係に重きが置かれた。進化のプロセスは絶えず変化し過酷で、移動範囲が広く結びつきの緩やかなほとんどの動物社会の群れが経験するものよりも、はるかに強烈だった。集団内の仲間の意図を推し量り、そのときどきの反応を予測できる記憶力が求められた。決定的に重要だったのは、将来のやりとりについて競合するシナリオを考え、頭のなかで予行演習をする能力が必要とされた点だ。

野営地を拠点とする先行人類の社会的知能は、一種のチェスゲームのように進化した。この進化プロセスの末に、私たちの巨大な記憶貯蔵庫は今ではよどみなく作動して、過去と現在と未来をつなぐ。おかげで私たちは同盟、絆、性的接触、敵対、支配、欺瞞、忠誠、裏切りの見通しと結果を判断できる。他人を自分の内なる舞台の登場人物に見立てて、無数の物語を語ることに本能的に悦びを見いだす。その最たる例が芸術や政治理論など、今では人文科学と称される高度な活動だ。

長大な創世物語の要となる部分は、明らかに二〇〇万年前の原初のホモ・ハビリス（もしくは非常に近い種）から始まった。それ以前の先行人類は動物だった。大部分が菜食で、体は人間に似ていたが、頭蓋容量はチンパンジー並みの六〇〇立方センチメートル（ｃｃ）にとどまっていた。それがホモ・ハビリスの系統以降、急激に増加し、ホモ・ハビリスで六八〇ｃｃ、ホモ・エレクトゥス（原人）で九〇〇ｃｃ、ホモ・サピエンスではおよそ一四〇〇ｃｃに達した。ヒトの脳の拡張は生命の歴史における複合組織の進化のなかでもとくに急速だった。

とはいえ、協力的な霊長類が珍しく群れをつくったという認識だけでは、脳容量の増加が現生人類にどれほどの可能性をもたらしたかを十分に説明しきれない。進化生物学者は高度な社会的進化の「エキスパート」も探してきた。いったいどのような要因と環境が組み合わされれば、高度な社会的知能の持ち主ほど寿命が長くなり、より繁殖に成功するような進化が起きるのか。主要因についてはふたつの相反する理論がある。ひとつは血縁選択を想定したもので、個体は傍系親族（直系の子孫以外の近親者）を優遇し、同じ集団のメンバー間で利他的行動が進化しやすくなるという説だ。複雑な社会的行動が進化しうるのは、集団内の個体の利他的行動の結果、利他的な個体が次世代に残す遺伝子の数という点で得るメリットが、利他的行為によって生じる損失を上回る場合で、それにより利他的な遺伝子が集団のメンバー全員に行き渡る。個体の生涯繁殖率が生存と繁殖に及ぼす複合効果を包括適応度といい、進化を包括適応度によって説明するのが包括適応度理論だ。

もうひとつの、より新しい理論（じつは筆者もその現代版を執筆したひとりだ）では「エキスパート」はマルチレベルの自然選択である。この場合、自然選択は二段階で作用する。同じ集団内のメンバー同士の競争と協力に基づく個体選択、および他の集団との競争と協力から生じる集団選択だ。集団選択は暴力的紛争を通じて、あるいは新たな資源を発見・獲得する際の集団間の競争によって生じうる。生物学者の間ではマルチレベルの自然選択説が支持を広げている。血縁選択は極めてまれで特殊な状況でしか作用しないことが近年、数学的に証明されているからだ。それにマルチレベルの選択は実際に動物が真社会性を進化させた既知のケースすべてにすんなり適合するが、血縁選択は仮説上は可能な場合でも、ある程度もしくはまったく適合しない可能性がある（この重要なテーマについては第6章で詳しく取り上げる）。

個体選択と集団選択の役割は人間の社会的行動の細部に明白に現れている。人は周囲の人間の振る舞いの細部に強い関心を持つ。狩猟採集生活をする人々の野営地から宮廷までいたるところで、ゴシップは会話の主題だ。人の心のなかで集団内の他のメンバーと外部の一握りの人々の位置づけは万華鏡のように移り変わり、ひとりひとりが信頼、愛情、嫌悪、疑念、賞賛、羨望、親睦の度合いによって感情的に評価される。私たちは必要に応じて集団に帰属したい、あるいは集団をつくりたい衝動に駆られる。集団はさまざまな形で集まったり、重なり合ったり、分離したりし、非常に大規模なものからごく小規模なものまで多岐にわたる。ほぼすべての集団が同じような集団と何かしら張り合っている。どんなに温和な表現を使い、寛大な調子でやりとりしても、私たちは自分の集団のほうが上だと考え、自分を集団の一員と定義しがちだ。武力衝突も含めた競争がはるか先史の昔から社会の特徴となってきたことは、考古学的証拠が裏づけている。

ホモ・サピエンスの生物学的起源の主要な特徴が明確になりつつあり、その結果、自然科学と人文科学の出合いがより多くの実を結ぶ可能性が出てきている。この学問の二大分野の融合が大いに重要になるのは、その可能性を十分な数の人々がとことん考え抜いたときだ。自然科学の側では、遺伝学、脳科学、進化生物学、古生物学にそれぞれこれまでとは違った光が当てられる。学生は従来の歴史に加えて先史についても教わり、すべてが生物界の最も偉大な叙事詩として提示される。

誇りと謙虚さのつり合いがとれたとき、私たちは自然界における人類の位置づけをより真剣に見つめるはずだ。人類は高みに登り、紛れもなく生物圏の頭脳となって、生物のなかで唯一、心に畏怖の念を抱きつつ、これまで以上に想像力を飛躍させることができる。それでも人類も地球の生物相の一部であることに変わりはなく、感情と生理機能、そして何より奥深い歴史によってても縛りつけられている。この地球をよりよい世界への途中駅のようにみなすのは愚かしい。地球が文字どおり人間が設計した宇宙船と化すようなことがあれば、それも愚かしい話で、地球は持続不能になりかねない。

人間の存在は私たちが思っていたより単純なのかもしれない。宿命というもの、生命の計り知れない神秘などというものは存在しない。悪魔と神が私たちに忠誠を誓わせようと張り合うこともない。むしろ人間は独立独歩で、自立し、孤独で弱い、生物界で生きられるように適応した生物学的種のひとつにすぎない。長く生き残るカギは知的な自己理解であり、その下敷きとなるのは、現在の最も進んだ民主主義社会で許容されているレベルさえ上回る、思考の独立性である。

第3章 進化と内なる葛藤

人間は本来は善だが悪の力によって堕落するのか、それとも逆に、本質的には罪深いけれども善の力で救うことができるのか。個人は集団のためなら命さえ捧げるようにできているのか、それとも反対に自分と家族を何よりも優先するようにできているのか。科学的証拠（そのかなりの部分が過去二〇年間に蓄積されたものだ）によれば、私たちはその両方を併せ持っているらしい。人はそれぞれ内面に葛藤を抱えている。チームワークを大事にするか、それとも悪事を内部告発するか。金を慈善事業に寄付するか、それとも自分の預金口座に入金するか。交通違反を認めるか認めないか。こうした話題になれば、じつは私自身も相反する感情にさいなまれる。一九七八年にカール・セーガンがピュリッツァー賞ノンフィクション部門を受賞した際、私はそれを科学者の業績としてはたいしたことはなく、騒ぐほどのことではないと思った。ところが翌年、自分が同じ賞を受賞した途端、どういうわけか一転して科学者が注目すべき重要な文学賞に思えてきた。

人間は皆、遺伝的キメラで、聖人であると同時に罪人であり、真実の擁護者であると同時に偽善の擁護者でもある。それは何も人類があらかじめ決められた宗教上もしくはイデオロギー上の理想に到達できなかったせいではなく、数百万年に及ぶ生物進化の過程で人類がどのようにして生まれたかということと関係がある。

誤解しないでほしい。私は何も人類が動物のように本能に突き動かされているといっているのではない。それでも人間の条件を理解するには、人間にも本能があると認める必要があり、私たちの非常に遠い祖先についても、できるかぎり昔にさかのぼって詳細に考えるのが賢明だろう。歴史だけではそこまでさかのぼってつぶさに理解するのは無理だ。歴史でさかのぼれるのは学問の黎明までで、そこから先は考古学による解明にゆだねることになる。さらにその先は古生物学の領域だ。人類の真の歴史を知るためには、歴史は生物学的な面と文化的な面を兼ね備えていなければならない。

生物学自体においては、神秘を解明するカギは人類以前の社会的行動を人類レベルまで高めた要因にある。その主力候補はマルチレベル選択で、それによって遺伝性の社会的行動が集団内の個体だけでなく集団全体の競争力を向上させる。

ポピュラーサイエンスの書籍や記事で人気のある一部の書き手は誤解しているが、生物進化の過程における自然選択の単位は個体でもなければ集団でもない。遺伝子（より厳密には対立遺伝子、つまり同じ遺伝子のふたつ以上のタイプ）だ。自然選択は遺伝子によって決まっている形質をターゲットにする。そうした形質は本質的に個別のもので、集団の内部もしくは外部の個体間の競争において選択される可能性もある。あるいは本質的に集団内の他のメンバーとの社会的相互作用（コミュニケーションや協力など）があり、集団間の競争によって選択される可能性もある。非協力的でコミュニケーション不足の個体ばかりの集団は、よりまとまりのある集団に敗れる。敗者の遺伝子は何世代もかけて減少していく。こうした集団選択の結果は、動物の場合、アリやシロアリなど社会性昆虫の巧みにプログラムされたカースト制に最も顕著だが、人間の社会にも現れている。個体間の選択に加え、集団間の選択という要因も同時に働いているという考え方は、今に始まったものではない。チャールズ・ダーウィンはまず昆虫における、続いて人類における集団間の選択の役割を、『種の起源』と『人間の進化と性淘汰』（文一総合出版社刊）でそれぞれ正しく推論した。

マルチレベル選択は、集団間の競争が強力な役割を果たすこともあって、人間の場合も含めて高度な社会的行動を生む主要因になると、私は長年の研究の末に確信するにいたった。実際、集団選択された行動の進化の過程で生み出されたものは非常に深く浸透し、完全に現在の人間の条件の一部になっているので、私たちはそれを水や空気のように自然の変わらない一部とみなしがちだ。しかしじつは、それらは人類という種ならではの特質だ。その一例が、他人に対する、強い、執拗ともいえる関心で、幼児が周囲の大人の特定のにおいや音を覚えた当初から芽生える。心理学の研究によれば、正常な人間は皆、他人の意図を読みとる天才で、それによって相手を値踏みし、説得し、絆を結び、協力し、噂話をし、操る。ひとりひとりが自分の社会的ネットワークを行きつ戻りつしながら、将来のシナリオの結果を想像しつつ、絶えず過去の経験を見直す。この手の社会的知能は多くの社会性動物に生じる。それが最高水準に達しているのは、進化系統がヒトと同じで最もヒトに近いチンパンジーとボノボだ。

もうひとつ人間の特徴的な遺伝形質は、そもそも集団に帰属したいという、社会性動物のほとんどの種類に共通する圧倒的な本能的衝動だ。孤独を強いられる状態が長引けば苦痛を覚え、いずれは精神状態がおかしくなる。自分の集団——自分の部族——の一員であることは、その人間のアイデンティティーの大部分を占める。それは多少の優越感も与える。心理学の実験でボランティアから適当にメンバーを選んで複数のチームをつくり、単純なゲームで競わせたところ、各チームのメンバーは適当に選ばれたのを承知していても、すぐに、他のチームのメンバーは自分たちほど有能ではなく信頼できないと考えるようになった。

あらゆる条件が等しければ（幸い、現実にはものごとが等しいことはめったにないが）、人は自分と見た目が同じで、話す言葉が同じで、信念が同じ人々と行動を共にしたがる。明らかに生まれながらのこの傾向が増大すれば、恐ろしいほど簡単に人種差別や宗教的偏狭さにつながる。そうなれば、これまた恐ろしいほど簡単に、善人が悪事を働く。三〇年代から四〇年代の保守的なアメリカ南部で育った私は、このことを肌身で知っている。

こうした人間のありようは非常に特殊で地球の生命の歴史に登場したのが遅かったため、神聖な創造主の手が働いているという暗示のように思えるかもしれない。だが私が力説しているように、厳密には、それは決して人間だけが成し遂げたことではなかった。本書の執筆時点で生物学者が突き止めている範囲では、一定の利他的な分業に基づく高度な社会生活を確立した現代の動物の進化系統は二〇。そのほとんどが昆虫で発生している。

数系統は海洋性のエビに単独で発生し、三系統は哺乳類――アフリカのデバネズミ二系統と私たち人間だ。皆このレベルに到達するのに同じ狭い入口をとおった――単独性の個体か、つがいか、個体の小集団が巣をつくり、巣から餌探しに出かけて、持ち帰った餌で子孫を育てた。

三〇〇万年くらい前までホモ・サピエンスの祖先は大部分が菜食で、果実や塊茎など植物性の餌が手に入る場所を集団で転々としていた可能性が高い。彼らの脳は現代のチンパンジーの脳より少しばかり大きい程度だった。だが遅くとも今から五〇万年前には、私たちの祖先に当たるホモ・エレクトゥスの集団が火を手なずけて野営地（巣に当たる）を維持し、そこを拠点にして餌を探しに行き、かなりの量の肉を含めて餌を持ち帰るようになっていた。脳の大きさは、チンパンジーと現代のホモ・サピエンスの中間ほどになっていた。こうした傾向は、その一〇〇万年から二〇〇万年前に、ホモ・エレクトゥス以前の先行人類であるホモ・ハビリスが肉食中心の食生活に移行し始めたのが最初だったようだ。一か所に集まることに、共同で巣をつくって狩りをするメリットが加わって、前頭前皮質の記憶と推論の中枢と共に社会的知能も発達した。

おそらくこのホモ・ハビリスの系統の時代に、個体レベルの選択と集団レベルの選択の間で葛藤が生じたのではないか。一方では同じ集団内の個体同士が競争し、もう一方では集団同士が競争した。集団レベルの選択という要因は集団内のメンバー全員の利他主義と協力を促した。その結果、集団全体に生まれながらの道徳性と良心や名誉という意識が備わった。ふたつの要因の競合を端的にいえば次のようになる。個体レベルでは同じ集団内の利己的な個体が利他的な個体に勝つが、集団レベルでは利他的な集団が利己的な集団に勝つ。つまりあえて極論すれば、個体選択は罪を奨励し、集団選択は美徳を奨励したわけだ。

かくして人間は、先史時代に働いたマルチレベル選択によって永遠に葛藤を抱えることになった。自分たちを生んだふたつの要因の間で位置づけが不安定で絶えず変化し、宙ぶらりんになっている。社会的、政治的混乱に対する理想的な解決策として、どちらか一方の要因に完全に屈する可能性はなさそうだ。個体選択から生じた本能的衝動に完全に屈してしまえば、社会が解体するだろう。それとは正反対に集団選択から生じた衝動に屈すれば、人間は天使のごときロボットと化すだろう――巨大なアリのようなものだ。

永遠の葛藤は神が人類に課した試練ではない。悪魔の陰謀でもない。そういうふうに事が運んだにすぎない。人類レベルの知性と社会組織が進化する道は、宇宙全体でそれ以外になかったのかもしれない。私たちはいずれ、生まれながらの葛藤と共存する道を見いだし、うまくすれば、それを創造力のおもな源とみなすことに悦びを見いだすだろう。

Ⅱ 知の統合

自然科学と人文科学という学問の二大分野は、人間の描き方こそ大きく異なっているが、いずれも創造的思考という同じ源から生まれてきた。

第4章 啓蒙主義の復活

ここまで人間の本性の生物学的起源について検討し、人間の創造性の大部分は個体レベルと集団レベルの自然選択の間の不可避かつ必然的な葛藤から生じた、という考えについて検討してきた。その解釈が示唆する知の統合は、私が提案する旅の次の段階へと私たちを導く。それは自然科学と人文科学が土台を同じくするという考え、とりわけ、最終的にはどちらも物理的な因果法則でどうにか説明がつくという考えだ。あなたはおそらくこの主張を受け入れるだろう。欧米文化はすでにこれと同じ道を旅したことがある。その道は啓蒙主義と呼ばれていた。

啓蒙主義の思想は一七世紀から一八世紀にかけて欧米の知識人の世界に君臨した。当時はそれが絶対だった。多くの人にとっては人類の定めとさえ思えた。いずれ万物も人間の存在の意味も自然科学——当時は自然哲学と呼ばれた——の法則で解き明かされる日が来るかに思われた。この学問の二大分野を因果関係の連続したネットワークによって統合できると、啓蒙主義の学者たちは考えた。そうすれば、現実と理性のみを材料に、迷信を排除した状態で、すべての知識を統合し一六二〇年に啓蒙主義の最も偉大な先駆者フランシス・ベーコンが「人間の帝国」と呼んだものをかたちづくることができる、と。

啓蒙主義の探求の推進力は、人類は自分たちだけの力で知るべきことをすべて知ることができ、知ることで理解し、理解することでかつてない賢明な選択ができるようになる、という確信だった。

しかしその夢は一八〇〇年代前半には破れ、ベーコンの帝国は後退した。理由はふたつ。第一に、科学者は指数関数的なペースで新たな発見をしてはいたが、より楽観的な啓蒙主義思想の持ち主が期待する水準にはほど遠かった。第二に、このために文学のロマン主義の伝統の創始者たちは、史上有数の偉大な詩人たちも含めて、啓蒙主義的世界観の偏見を拒否し、ほかの、より個人的なところに意義を求めることができた。自然科学は人々が深く感じ芸術によってのみ表現するものに触れる手だてを持たず、今後も持つことはない、と。科学的知識に依存すれば人間の潜在能力が貧弱になると当時の多くのロマン主義者は考え、その伝統を受け継ぐ現代のロマン主義者もそう考えている。

それから二世紀を経て現在まで、自然科学と人文科学はそれぞれの道を進んだ。もちろん物理学者も相変わらず楽しんで弦楽四重奏を奏で、小説家は自然科学が明らかにした驚異について本を書いている。しかしふたつの文化（二〇世紀半ばにはそう呼ばれるようになった）は心に埋め込まれた永遠の亀裂に隔てられており、そうした亀裂は存在そのものの本質に本来備わっているのかもしれない、というのが大方の見方だった。

啓蒙主義が没落した長い闇の間はとにかく統合を考える時間はなかった。増大する情報の洪水に適応するため、自然科学の各分野はバクテリアに近いペースで、どんどんペースを上げながら専門分野に分裂していった。一方、芸術は相変わらず、人間の想像力を見事かつ特異に表現して花開いていた。時代遅れで望みのない哲学的探求とみなされていたものに再び火をつけようとしてもメリットはほとんどなかった。それでも啓蒙主義は不可能だと証明されたわけではなかった。死に絶えたわけでもなかった。ただ停止していただけだ。

その探求を今再開することに何か価値があるのか、そして探求が実を結ぶ可能性はあるのか。答えはイエスだ。今ある知識をもってすれば、啓蒙主義が最初に花開いたとき以上に多くを達成できる。それに現代生活の非常に多くの問題に対する解決策は、本来の領域からの解決策に基づいて決まる。たとえば対立する宗教間の衝突、道徳的論理のあいまいさ、環境決定論の不適切な根拠、そして（最も重要な）人間存在の意味そのものだ。

自然科学と人文科学の関係を研究することが、世界のどこへ行っても、自然科学を学ぶ人にとっても人文科学を学ぶ人にとっても、一般教養の中核であるべきだ。言うまでもなく、それを成し遂げるのは容易ではあるまい。学者や専門家の間では、受け入れられるイデオロギーも手順もじつにさまざまだ。欧米の知的生活を支配しているのは、筋金入りの専門家だ。たとえば私が四〇年来教鞭を執っているハーバード大学では、新しい教授陣を選ぶ際に優勢な基準は、自分の専門において卓越しているか、そうなることが約束されていることだ。学部レベルの調査委員会の審議に始まり、教養学部長への推薦を経て、最終的にはハーバードの学長が大学の内外から集めた特別委員会の手を借りて、「この人物は彼の専門分野の研究にかけては最高の逸材かどうか」を吟味して決定を下す。ただし教育能力についてはほぼ決まって「ふさわしい候補かどうか」という鷹揚な問いだった。全体の指針となる考え方は、そうした世界クラスの専門家が十分な数だけ集まれば、統合されて学生もスポンサーも惹きつける知の超個体*が生まれるだろう、というものだった。

創造的思考の初期段階、それも重要なものは、専門家のジグソーパズルからは生じない。最も成功する科学者は考えるときは詩人のごとく広範に考え、かつ、ときに空想的だが、いざ仕事にかかれば一転して帳簿係を思わせる。世間に見せるのは後者の顔だ。専門誌に載せる研究報告を執筆したり、専門家ばかりの会議で講演したりする場合は、比喩を使わない。レトリックだの詩だのと批判されないよう心を配る。含みのある言葉は極力控え、序論とデータを示すセクションに続く考察の部分のみ、専門的な概念を明確にするためにかぎって使うが、感情をかきたてる目的では決して使わない。執筆者の言語は常に、抑制され、実証可能な事実に基づく論理に従順でなければならない。

それとはまったく逆のケースが詩などの芸術だ。そこでは比喩がすべて。作家や作曲家や視覚芸術家は、現実か空想かを問わず、何かについて、あらゆるものについて、自らの認識とかきたてたい感情を、抽象的に、もしくは意図的に歪曲して、えてして遠回しに伝える。人間の経験にまつわる各種の真実を独自のやり方で描き出そうとする。自分の作品をじかに、人間が経験することを通して、自分の頭のなかからあなたの心に届けようとす

＊ アリのように自身の集団のために統一的に行動し、あたかもひとつの個体のように振る舞う生物集団のこと。

る。作品の評価は比喩の力と見事さで決まる。ピカソの言葉とされる「芸術とはわれわれに真実を悟らせる嘘である」を体現しているわけだ。

ざっと目を通してみれば、芸術とそれを分析する人文科学の学問分野の大半は、ときとして衝撃的な効果をもたらしはするが、ある重要な意味で相も変わらず、同じ物語、同じテーマ、同じ原型、同じ感情に終始している。それでも読者は気にしない。私たちは人間中心の考え方に溺れ、自分自身やほかの人間に底なしの魅力を感じずにはいられない。最高の教育を受けた人々でさえ、小説や映画、コンサート、スポーツの試合、ゴシップなどを随意に取り入れて生きている。どれもホモ・サピエンスかどうかの判断基準となる、比較的狭い範囲の感情のどれかをかきたてるためのものばかりだ。動物をめぐる物語であれば、人間のような感情や人間の本性についての使い古された手引書で理解できる振る舞いが求められる。子供たちに他人について教えるときは、トラなど獰猛な捕食動物も含めた動物のかわいらしい風刺を使う。

人類という種は、自分自身と自分が知っている人々もしくは知りたい人々に関しては、飽くことなき好奇心を抱く。こうした態度は霊長類の進化の系統樹に人類が登場するはるか以前から存在する。たとえば、檻に入れられたサルに檻の外のさまざまなものを見せると、サルが真っ先に注目するのはほかのサルだという観察結果がある。

人間中心の考え方、つまり人間が人間に魅了される状態は社会的知能を研ぎ澄ます。社会的知能は地球上のすべての種のなかで人類が最も得意とするスキルだ。アフリカのアウストラロピテクス属の先行人類からホモ・サピエンスが生まれる際の大脳皮質の進化に呼応して劇的に出現した。ゴシップ、セレブ崇拝、伝記、小説、戦記、スポーツが現代文化の一部になっているのは、他人への強烈な、ともすれば執着にも似た集中力が、常に個体や集団の生存率を高めてきたからである。私たちが物語に夢中になるのは、頭脳がそういう仕組みになっているから――過去のさまざまなシナリオと、未来のシナリオの選択肢を、いつまでもさまようようにできているからだ。

古代ギリシャの神々が眺めていたら、神々の目には人間の過ちが、私たち人間が喜劇や悲劇を見るときのように映るだろうが、人間の弱点を進化上の必要性によって強いられた傷とみなして同情もするだろう。神々とその操り人形である人間の関係は、紐にじゃれている子猫とそれを眺めている人間にも当てはまる。子猫は将来餌を捕まえるときの三つの基本的な方法を使う。床を這うように動いている紐にそろりそろりと近づいて跳びかかるのはネズミを捕まえる練習。上から垂れている紐に飛びついて両方の前足で捕まえるのは鳥を、足元の紐をすくい上げるのは魚や足元の小さな獲物を捕まえる練習だ。どれも見ている私たちには愉快な光景だが、当の子猫にとっては生存スキルを磨くために不可欠な訓練なのだ。

自然科学は現実界について知識を生み出すべく、部分的な証拠と想像力から相反する複数の仮説をたて、それらを検証する。宗教にもイデオロギーにも触れることなく、事実のみに集中する。人間の存在の目まぐるしい変化のなかに道を切り開く。

自然科学のこうした性質についてはもちろんご承知だろう。だが自然科学にはほかにも人文科学とは異なる性質がある。なかでも最も重要なのが連続体という概念だ。多様な存在とプロセスがひとつ、ふたつ、またはそれ以上の次元で連続して生じているという考えは、物理と化学のほとんどでごく当たり前になっているので、わざわざ言及する必要がない。連続体には温度、速度、質量、波長、素粒子のスピン、pH、炭素をもとにした分子の類似体といったおなじみの勾配が含まれる。分子生物学ではそこまで顕著ではなく、構造におけるいくつかの基本的な変異で細胞の機能と複製が説明できる。進化生物学と進化生態学では再び顕著になり、何百万、何千万という種がそれぞれの環境に異なるやり方で適応している様子を研究する。太陽系外惑星の研究ではさらに素晴らしいひらめきとドラマを見せる。

二〇一三年にケプラー宇宙望遠鏡は姿勢制御用ホイールの故障のため主要観測ミッションを停止したが、それまでに太陽系外惑星が九〇〇ばかり発見された。ケプラー宇宙望遠鏡が撮影した画像は、太陽系の地球以外の惑星への接近飛行や軟着陸を当たり前のように受け取る世代にとってさえ驚異的だった。同時に非常に重要でもあり、船乗りがそれまで何もなかったはずのところに、新大陸の海岸線を見つけて、陸だ！　陸だ！　と叫ぶのに匹敵する大発見でもあった。銀河系は一〇〇〇億の銀河で構成されているとみられており、天文学者によれば、そのすべてで恒星のまわりを平均ひとつ以上の惑星が公転しているという。そのうち少ないとはいえかなりの数の惑星に生命体が存在する可能性がある――極端な悪条件の下でのみ生息する微生物だとしても、だ。

銀河の太陽系外惑星は連続体を形成している。天文学の新たな観測によれば、少なくとも推論によれば、太陽系外惑星の顔ぶれはそれまでの想定以上に多様性に富んでいるという。木星や土星のようにガスでできた巨大な惑星が存在し、なかにははるかに大きいものもある。地球のようにより小さくて岩だらけの惑星もあり、小さな点のように母なる恒星のまわりをまわっているが、その軌道は生命が存在するのにちょうどいい距離にあって、恒星に近すぎる他の岩だらけの惑星（生命が存在するには火星と木星は太陽に近すぎ、惑星に似た冥王星は遠すぎる）とは根本的に異なる。公転しない惑星もあれば、恒星に接近したあとで遠ざかり、それから再び接近して楕円軌道を描く惑星もある。あるいは宇宙の浮浪児のように、恒星の重力から解き放たれて宇宙の深淵を漂っている惑星も存在するかもしれない。一部の太陽系外惑星はひとつかそれ以上の衛星を伴っている。大きさと位置と軌道に幅広い連続した変化にがあるのに呼応して、惑星とその衛星の天体と大気の化学組成にも起源の特殊性から生じる相応の勾配がある。

天文学者も科学者同様に普通の人間であり、自分たちが発見したことに私たちと同じように畏怖の念を抱く。天文学上の発見は地球が宇宙の中心ではないこと（コペルニクスやガリレオの時代からわかっていることだが）を肯定するものの、宇宙の中心からどのくらい離れているかは想像もつかない。私たちが故郷と呼ぶ小さな青い点は、宇宙の大きさからすれば本当に小さな点にすぎず、宇宙全体に一〇〇〇億以上ある銀河のうち、私たちの銀河の端近くにあるちっぽけな星屑でしかない。人類がようやく理解し始めた、惑星や月や惑星に似た天体などの連続体のほんの一角をなしているにすぎない。私たちは宇宙における自分たちの立場を控えめに語るべきだろう。たとえていうなら、宇宙のなかの地球は、この昼下がりの数時間、ニュージャージー州ティーネックの庭に咲く花の、一枚の花びらに載っかっているアブラムシの左の触角の第二節のようなものだ。

植物学と昆虫学をしばし思い出したところで、そろそろ別の連続体を紹介しよう。地球の生物圏の生物多様性だ。本書の執筆時点（二〇一三年）で、地球上に現存する植物のうち既知のものは二七万三〇〇〇種。今後さらに実地調査が進めば三〇万種に増える見込みだ。地球上の生物のうちすでに知られているすべての種、植物や動物、菌類、微生物の数は、約二〇〇万。未知のものも合わせた実際の数は少なくともその三倍とみられている。新たに発見される種は年間およそ二万種。まだ探査が不十分な数多くの熱帯雨林、珊瑚礁、海底火山、深い海底の海図にない海嶺や海底谷の調査が進めば、新種発見のペースは速まるに違いない。極端に小さい生物の研究に必要な技術が日常的に使われるようになっているので、大部分が知られていない微生物の世界を調べることで、学名のついた種の数はさらに速いペースで増加するはずだ。地球表面のどこかでいまだ人目につかずにうようよしている奇妙な新種のバクテリア、古細菌、ウイルス、ピコゾア*が発見されるだろう。

＊　二〇一三年に新しくもうけられた門。体長は約三ミクロンで海に生息する。

種の調査が進むにつれて、生物多様性の連続体がほかにも発見されている。現存する種それぞれに独自の生態と、それぞれの種を生んだ進化の長く曲がりくねったプロセスなどだ。その最終結果のなかに一二桁に及ぶ規模の勾配がある。シロナガスクジラやアフリカゾウから、ものすごい数の光合成細菌や海の掃除屋ピコゾアまで広範囲におよび、後者はあまりにも小さすぎて普通の光学顕微鏡では調べられない。

自然科学が突き止めるすべての連続体のうち、人文科学に最も関連があるのは感覚で、人類の場合、感覚は極端にかぎられている。ホモ・サピエンスの場合、視覚は電磁スペクトルの四〇〇から七〇〇ナノメートルの、ごくわずかなエネルギーをベースにしている。ほかの長さの波長は宇宙全体にあふれており、人間の目に見える波長の何兆分の一のガンマ線から、何兆倍の電波まで広い範囲に及ぶ。動物たちもそれぞれ狭い連続体のなかで生きている。たとえば四〇〇ナノメートル以下の世界では、チョウは花粉や花の蜜を花びらに反射する紫外線のパターンで見つけるが、紫外線のパターンは人間の目には見えない。逆に人間の目には黄色や赤い花に見えるものが、昆虫の目には並んだ点と同心円の明暗にしか見えない。

健康な人はほぼすべての音が聞こえるつもりでいる。しかし実際には人間が探知できるのは二〇ヘルツ(一秒あたりの空気の振動数)から二万ヘルツの間のみだ。二万ヘルツを超える高音域では、コウモリが夜空を飛行しながら超音波を発し、その反響を聞いて障害物を避け、ガなど飛んでいる昆虫を捕まえる。同じく人間には探知できない二〇ヘルツ未満の低音域では、ゾウが低い声で群れの仲間と複雑なメッセージをやりとりしている。自然のなかでは私たち人間はニューヨークの市街を歩く聴覚障害者のようなもので、わずかな振動を感じとるのが精一杯だ。

嗅覚については人類は地球上のすべての生物のなかで最も鈍感な部類に入る。においを表現する語彙すら乏しく、「レモンみたいな」「酸っぱい」「腐ったような」といった直喩が頼りだ。対照的に、バクテリアからヘビやオオカミまで、ほかの生物の大部分は、においと味を頼りに生き延びている。私たちがにおいを頼りに特定の人間を追跡したり、爆発物など危険な化学物質のごくかすかな痕跡を探知するときは、訓練した犬の鋭い嗅覚を当てにする。

におい以外の刺激では、何らかの器具を使わなければ人類がまったくといっていいほど気づかないものもある。電気に気づくのはチクチクする感覚か、ショックか、閃光によってのみだ。それとは対照的なのが淡水性のウナギの一種やナマズやエレファントノーズフィッシュで、泥水に棲み、視界が利かないので、代わりに電流の世界に生きている。彼らは有機電池に進化した体幹の筋肉組織を使って体の周囲に帯電域をつくり出す。電荷パターンの影の部分を手がかりに、周囲の障害物をよけ、餌を探し、同じ種の仲間とコミュニケーションをとる。やはり人間の感覚では察知できないもうひとつの領域が磁場で、一部の渡り鳥にとっては長旅の間の道標となる。

連続体を探ることで、人間は大きさも距離も量も無限の範囲から、この小さな地球が存在している現実の宇宙の大きさを測ることができる。科学の企ては、どこに目を向ければそれまで予想もつかなかった現象に遭遇できるか、どうすれば現実全体を因果関係の測定可能な網によって捉えられるかを示唆する。それぞれの現象が、関連する連続体——平たく言えば各システムの変数——のどの位置にあるかを知ることによって、私たちは火星表面の化学組成を知った。最初の四足獣が大体いつ頃どのようにして沼から這い出し陸に上がったかもわかる。物理学の統一された理論によって、ほとんど無限に近い状態をも予測できる。意識的に考える際に人間の脳で血液が流れ神経細胞が光るのを見ることもできる。いずれ、おそらくは数十年以内に、宇宙の暗黒物質、地球の生命の起源、気分や思考が変化する際の人間の意識の物理的基礎も解明できるはずだ。見えざるものが見え、今にも消えそうなほど軽いものが重みを持つ。

では、こうした科学的知識の爆発的増加は人文科学にどう影響するのだろうか。ありとあらゆる影響を及ぼす。科学技術はますます正確に、地球での、さらに宇宙全体での人間の位置づけを明らかにする。地球でもほかの惑星でも人間クラスの知能を生んだ可能性がある連続体のそれぞれにおいて、私たちはごく小さな空間を占めているにすぎない。人類の祖先であるさまざまな種は、はるか昔のいっそう原始的な生命体にまでさかのぼって、みんな運良く進化の迷宮をくぐり抜けられた勝者なのだ。

私たちは非常に特別な種で、何なら選ばれた種といってもいいだろうが、その理由は人文科学だけでは説明できない。人文科学は答えられるような形での問題提起すらしない。意識の小さな箱に閉じこめられて、連続体のうち自分が知っているごく一部を、重箱の隅をつつくように、取っ替え引っ替え、いつまでも繰り返し賛美する。これらの区分だけでは私たちが根本的に持っている性質――圧倒的な本能、控えめな知性、危険なほどかぎられた知恵、さらに批判派が主張するには科学の傲慢すら――がいかにして生まれたかは説明できない。

今から四世紀あまり前の最初の啓蒙主義の時代には、科学も人文科学もまだ初期の段階で、共生は可能に思えた。それというのも一五世紀後半から西欧によって世界規模の航路が開けたおかげだ。アフリカ周航とアメリカ大陸の発見は新たな世界貿易ルートと武力による征服の拡大につながった。新たな世界的広がりが歴史の転換点となり、知識と発明に重点が置かれた。私たちは今、探索の新たなサイクルを迎えた。そのサイクルはこれまで以上に限りなく豊かで、その分やりがいも増し、当然ながらいっそう博愛精神に満ちている。人文科学とその一分野である本格的な芸術の力をもってすれば、啓蒙主義の夢をようやく実現する形で人間の存在を表現することは決して不可能ではない。

第5章

人文科学の不可欠さ

データ重視の生物学者がこんなことをいうのは奇異に思われるかもしれないが、ＳＦが創り出したＥＴ（地球外生命体）はある重要な形で私たちの役にたっていると私は思う。彼らのおかげで、私たちは自分自身の存在の条件をより意識するようになる。科学の許すかぎりもっともらしく創り上げれば、のちほど紹介するとおりＥＴは未来を予測するのに役立つ。本物のエイリアンならきっと、私たち地球人には注目に値するじつに重要な財産があるというはずだ。それは科学技術だろうと思うかもしれないが、違う。人文科学だ。

こうした想像の産物とはいえもっともらしいエイリアンは、私たち人類を喜ばせたいだの、高めたいだのとは思ってはいない。私たちがアフリカの野生動物保護区にいる草食動物や肉食動物に優しいように、彼らも私たちに優しい。この星で文明を築き上げた唯一の種から学べるだけ学ぶのが彼らの使命だ。それは地球の科学の秘密にしておくべきでは？いや、とんでもない。私たちが彼らに教えることなど何もない。科学と呼べるものはほとんどすべて、生まれてからまだ五世紀足らずだということを忘れてはいけない。過去二世紀の間、科学的知識は学問分野（物理化学や細胞生物学など）にもよるが一〇年から二〇年ごとに二倍に増えているので、私たちの知識は地質学的基準からすれば生まれたばかり。技術の応用も進化の初期段階にある。人類が現在のグローバルで非常に統合されたテクノサイエンス時代を迎えたのはほんの二〇年前。宇宙の星々のメッセージのなかではまばたきにも満たない。銀河が何十億年も前に誕生したことを考えれば、もしかするとエイリアンが今の私たちのレベル、つまりまだ初期のレベルに到達したのは数百万年前かもしれない。一億年前だったとしてもおかしくはない。だとしたら、私たちは地球の外からやってきた訪問者に何を教えられるだろうか。言い換えれば、よちよち歩きのアインシュタインが物理学教授に何を教えられるというのか。何ひとつ教えられない。技術にしても私たちのほうがだいぶ劣っているだろう。そうでなければ私たちがよその星からの来訪者で、エイリアンが惑星の原住民のはずだ。

では、架空のエイリアンが私たちから学ぶ価値のあるものとは何か。正解は人文科学だ。アメリカの物理学者で理論物理学の先駆者であるマレー・ゲルマンはかつて、理論物理学はいくばくかの法則と数多くの偶然で成り立っていると述べた。科学全般についてはなおさらそうだ。生命は三五億年前に誕生した。その後、原始生物が微生物、菌類、植物、動物に多様化していったのは、無限に近いさまざまな歴史がありえたなかで、現実に起きたひとつにすぎない。ＥＴはこのことを、ロボット探査と進化生物学の法則から知るだろう。生物の進化の完全な歴史、ソテツやアンモナイトや恐竜といった主要な集団の絶滅と交代と王朝のような盛衰は、すぐには理解できないだろう。それでも彼らの格段に素晴らしい実地調査とＤＮＡ塩基配列決定とプロテオミクスの技術をもってすれば、あっという間に地球の現在の動植物、自然、長年にわたる先駆者たちのことを学び、生命の進化の歴史の時間と空間におけるパターンをはじき出せるだろう。すべて科学の問題だ。エイリアンはまもなく、科学と呼ばれる、人類が知っていることすべてを知り、あたかも人類など初めから存在しなかったかのように、はるかに多くを知るだろう。

同様に、人類が誕生してから過去数十万年ほどの間に、少数の原文化が興り、その流れを汲む数千の文化が誕生した。その多くは今日も残り、文化ごとにひとつの言語もしくは方言、信仰、社会的・経済的慣習を有している。植物や動物の種が地質学的年代を超えて枝分かれしていくように、これらの文化も単独で、あるいはふたつ以上に枝分かれして、進化を続けてきた。ひょっとしたら一部融合した可能性もあり、なかには姿を消したものもある。現在世界中で話されている七〇〇〇種近い言語のうち、二八パーセントは話す人が一〇〇〇人に満たず、四七三種は一握りの高齢者が話すのみで消滅の危機に瀕している。こうしてみれば、記録された歴史とそれ以前の先史から浮かび上がる万華鏡のようなパターンは、生物の進化の過程で種が形成されるときのパターンに似ているが、重要な点で異なっている。

文化の進化が生物の進化と異なる理由は、それが完全に人間の脳の産物だからだ。人間の脳は先史の旧石器時代に遺伝子・文化の共進化（遺伝的進化と文化的進化がその過程で互いに影響し合うこと）と呼ばれる非常に特殊な自然選択によって進化した。脳ならではの能力は、おもに前頭皮質の記憶貯蔵庫に宿っており、二〇〇万年前から三〇〇万年前のホモ・ハビリスの時代から、六万年前にその子孫であるホモ・サピエンスが世界中に広がるまでに出現した。文化の進化を私たちがやるように内側から見るのではなく、外側から見て理解するには、人間の心の複雑な感情と構造をすべて理解しなければならない。そのためには人々とじかに触れ合い、無数の個人の歴史を知る必要がある。そうすれば、ある考えがどのようにして象徴なり人工物なりに変容されるかがわかる。以上はすべて人文科学の仕事だ。人文科学は文化の自然史であり、人類の最も私的で貴重な遺産である。

人文科学を重視する主要な理由はもうひとつある。科学的発見と技術の進歩には寿命がある。いずれ巨大な規模と想像を絶する複雑さに到達すれば、それからは間違いなくペースが落ちて、はるかに低い成長水準で安定するだろう。私は半世紀にわたって著作物のある科学者としてキャリアを積んできたが、その間に研究者一人当たりの一年間の発見数は激減している。研究チームの規模は大きくなり、今では専門的な論文の共同執筆者が一〇人以上というケースも珍しくない。ほとんどの分野で科学的発見に必要な技術ははるかに複雑で費用も高額になり、科学研究はより高度な新技術とデータ分析を必要とするようになった。

しかし心配はいらない。そうしたペースダウンは今世紀中には始まりそうだが、そのころには科学とハイテクの役割は予想どおり、有益で今よりはるかに広く行き渡っているだろう。ただし――ここが最も肝心な点だが――いたるところで、どんな文明化された文化、サブカルチャー、個人にとっても、科学技術は同じものだろう。スウェーデンもアメリカもブータンもジンバブエも同じ情報を共有する。ほとんど果てしなく進化し多様化し続けるのは人文科学だ。

今後数十年間、最も重要な技術の進歩が見込まれる分野はいわゆるＢＮＲ、つまりバイオテクノロジー、ナノテクノロジー、ロボット工学だ。現在、純粋な科学の広大なフロンティアで長きにわたる探索の対象となっているもののひとつが、地球上での生命の起源を推論することだ。ほかにも人工生物の創造、遺伝子置換、外科的に正確な遺伝子改変、意識の物理的性質の発見、そしてとくに、肉体労働と頭脳労働のほとんどの仕事で人間より頭の回転が速く効率的な仕事ができるロボットの製造などがある。現時点では、こうした想像上の進歩はＳＦでしかない。しかしそれも時間の問題で、数十年以内に現実になるはずだ。

そのプロセスは歴然としている。最初の課題は一〇〇〇を超える遺伝子の修正だ。まれな突然変異による対立遺伝子が遺伝病の原因として特定されており、それらを正常な遺伝子で置き換えるよりぬきの方法が遺伝子置換だ。まだごく初期の段階で、ほとんど実証されていないが、ゆくゆくは確実に羊水穿刺に取って代わるに違いない。羊水穿刺では胚の染色体構造と遺伝子コードを解読し、障害や死産の可能性があれば治療的流産を実施する。治療的流産には反対派も多いが、遺伝子置換の場合は欠陥のある心臓弁や病気の腎臓を移植などで置き換えるようなものといえるので、反対する人は多くないはずだ。

自発的進化のさらに高度な形としては、原因は間接的だが、世界各地で移民が増加し異人種間の結婚が増えて均質化が進んでいる点が挙げられる。均質化の結果、ホモ・サピエンスの遺伝子は大規模に分配し直される。遺伝子の多様性は異なる集団間では減少している一方、同じ集団内では増加しており、その結果、種全体では劇的に増加している。こうした傾向は自発的進化にまつわるジレンマを生み、今後数十年、最も近視眼的な政治シンクタンクでさえ注目しそうだ。私たちは望ましい性質が出現する頻度を増す方向に多様性の進化をある程度コントロールすることを望むのか。あるいは進化をさらにコントロールするのか。それとも結局（短期的にはほぼ確実にそう決断するはずだが）成り行きに任せてうまくいくよう祈るのだろうか。

そうした選択肢はＳＦでもなければたわごとでもない。それどころか、生物学に基づくもうひとつのジレンマに絡んでおり、高校生の避妊やテキサス州での進化論教育をめぐる攻防と並んで早くも物議をかもしている。意思決定と労働をますますロボットに任せるようになったら人間のすることがなくなるのではないか、というジレンマだ。脳にチップを埋め込む脳インプラントおよび知能や社会行動の遺伝的改良によって、ロボット技術に対抗したいと、私たちは本気で思うだろうか。この道を選べば、私たちは代々受け継がれてきた人間の本性から急激に離れ、人間のありようを根本から変えることになる。

この問題は人文科学の領域で解決するのが一番で、これも人文科学が極めて重要である理由のひとつだ。ついでながら、私自身はこの件については保守的な立場で、生物学的な人間の本性を天賦のものとして守り抜くことに賛成だ。科学と技術は目覚ましい進歩を遂げている。今後もこの調子で、さらにペースアップを図るとしよう。ただし同時に、人間を人間たらしめている人文科学も振興し、人文科学の源泉である、人間の未来に秘められた唯一無比の可能性を、科学を使っていじくり回すようなまねはやめようではないか。

第6章 社会的進化の推進力

本能的な社会行動がどのように進化したかは生物学でも有数の重要な問いといっていいだろう。正しい答えを見つけるには、生物学的組織のさまざまなレベルにおける大きな変遷について説明しなければならない。たとえばアリ一匹からアリのコロニーまで、霊長類の一個体から人類の組織化された社会までという具合に、個体から超個体までだ。

最も複雑な社会組織は高度な協力によって成り立っている。集団のメンバーの少なくとも一部による利他的行動もそれを後押しする。協力と利他的行動が最高レベルに達するのは真社会性だ。真社会性を持つ集団では、ひたすら集団全体の繁殖率を向上させることに特化した「女王」のカースト制によって、一部のメンバーが自らの繁殖を部分的に、もしくは完全に放棄する。

繰り返しになるが、高度な社会組織の起源についてはふたつの相反する理論が存在する。ひとつは標準的な自然選択説。自然選択説は正しいとさまざまな社会的・非社会的現象において証明されており、一九二〇年代に現代の集団遺伝学が、一九三〇年代に総合説が登場して以来、正確さを増している。自然選択説の根拠となっている原則は、遺伝の単位は遺伝子ネットワークの一部として作用する遺伝子で、自然選択の標的は遺伝子が決める形質であるというものだ。たとえば、ヒトの好ましくない変異遺伝子に嚢胞《のうほう》性線維症の原因遺伝子がある。その表現型である嚢胞性繊維症は（寿命を縮め繁殖率を低下させるため）選択されないので、この原因遺伝子はまれにしか見られない。好ましい変異遺伝子の例は、成人の乳糖耐性の原因遺伝子だ。変異遺伝子による表現型がヨーロッパとアフリカの酪農人口で発生したおかげで成人もミルクを飲めるようになり、乳糖耐性を持つ人の相対的な寿命と生殖能力が向上した。

同じ集団の他のメンバーと比べ、あるメンバーの寿命と繁殖能力に影響する形質を決める遺伝子は、個体レベルの選択の対象になりやすいとされる。協力など同じ集団の仲間との相互作用を伴う形質を決める遺伝子は、個体レベルの選択の対象になる場合もあれば、ならない場合もある。いずれにせよ集団全体の寿命と繁殖能力にも影響する可能性がある。集団は対立においても資源採取の効率においても他の集団と張り合うので、形質の差異が自然選択を受けやすい。とくに相互作用の（したがって社会的な）形質を決める遺伝子は集団レベルの選択を受けやすい。

自然選択の標準的な理論によって簡略化した進化のシナリオを紹介しよう。成功率の高い泥棒は自分自身と子孫の利益は拡大するが、集団のほかのメンバーについては弱体化させる。彼のサイコパス的な振る舞いの原因となっている遺伝子は集団内で次の世代では増えていくが、寄生虫が生物の体内で病気を引き起こすように、彼の行動は集団内の残りのメンバーを弱らせ、しまいには泥棒本人も弱らせる。それとは正反対に、勇敢な戦士は集団を勝利に導くが、戦いで命を落とし、子孫はわずかに残せるか、まったく残せないかだ。勇敢さの遺伝子は戦士と共に失われるが、集団の残りのメンバーと彼らが共有する勇敢さの遺伝子は恩恵を受けて増えていく。

これらの極端な例が示すように、自然選択のふたつのレベル、すなわち個体レベルと集団レベルは対極にある。このふたつはやがて対立する遺伝子同士が均衡するか、あるいはどちらか一方が完全に消滅するかにつながる。個体レベルの選択と集団レベルの選択の作用をひとことでいえば次のようになる。集団内では利己的なメンバーが勝利するが、集団間レベルでは利他的な集団が利己的な集団を出し抜く。

自然選択の標準的理論および集団遺伝学の確立された原則と対立する包括適応度理論は、個々の遺伝子ではなく集団の個々のメンバーを選択単位として扱う。社会的進化はそれぞれのメンバー同士の相互作用をすべて合わせたなかから生じ、両者の遺伝的近さの度合いによって増大する。この相互作用の多様性が個人に与える影響が、いい影響でも悪い影響でも、包括的適応度を決める。

自然選択説と包括適応度理論の間でいまだに随所で議論がちらつくものの、包括適応度理論の前提が通用するのは一握りの極端なケースのみで、実際には地球でもほかの惑星でも起きそうにないことが証明されている。包括適応度が直接測定された例はない。これまで完了しているのは回帰分析という間接的な分析で、残念ながらこの手法自体が数学的には無効になっている。遺伝の単位に遺伝子ではなく個体なり集団なりを使うのは、さらに根本的な誤りだ。

この時点では、理論を先に進める前に、社会行動における進化の具体例を取り上げて、それぞれのアプローチでどう扱われているかを見ておくのが有益だろう。

いつの時代も、包括適応度理論をとる人たちが、血縁関係の役割と包括適応度の有効性の証拠を提示する際に好んで使うのが、アリの一生だ。アリの多くの種は次のような一生を送る。コロニーは交尾経験のない女王アリとオスを巣の外に送り出すことで繁殖する。交尾を終えた女王アリは巣に戻らず、それぞれ新たに自分のコロニーをつくる。交尾を終えたオスは数時間で死ぬ。交尾経験のない女王アリはオスよりはるかに大きいので、それだけコロニーが女王アリを生み出すことに投資する割合も大きくなる。

性差による体格の違いを包括適応度理論で説明したのは、一九七〇年代の生物学者ロバート・トリヴァースが最初だった。トリヴァースによれば、アリの性別の決定方法は独特で、姉妹の関係が兄弟との関係より密接だという（女王が交尾するオスは一匹だけなので）。子供を養育するのはワーカー*で、ワーカーは兄弟よりも姉妹を優遇するため、オスよりも交尾経験のない女王アリにより多くを投資する。この目的を達成するため、ワーカーの統制がとれているコロニーは、個々の体格がはるかに大きい女王アリを生み出す。包括適応度理論で導き出されるこのプロセスは間接的自然選択と呼ばれる。

対照的に、標準的な集団遺伝学モデルは直接的な自然選択を仮定し、実地および研究室

＊　働きアリや働きバチなど真社会性の生物で、自ら繁殖せずに働く個体のこと。

での直接観察による検証を行う。昆虫学者なら誰もが知っているとおり、交尾経験のない女王アリの体格がオスより大きいのは必然で、その理由は新しいコロニーを始める方法にある。女王アリは巣穴を掘り、そのなかにこもって、自分の体の脂肪と抜け落ちた羽根の筋肉で第一世代のワーカーたちを育てる。一方、オスは交尾が唯一の役割なので体格が小さい。授精を終えたオスは死ぬ（ちなみに女王は種によっては二〇年以上生きる）。したがって、性差に応じた投資という包括適応度による遠回しな説明は誤りだ。

ワーカーがコロニーのリソースの割り当てを管理するという前提も包括適応度理論の要だが、やはり誤りだ。女王は貯精嚢（精子を貯蔵する袋のような器官）の弁を使って、生まれる子供の性別を決定する。精子が放出されて女王の卵管で受精すれば、生まれるのはメス。精子が放出されなければ受精しない卵子から生まれるのはオスだ。それからは、さまざまな要因が組み合わさり（ワーカーがコントロールするのはその一部だけだ）メスの卵と幼虫のうちどれが女王になるかを決定する。

包括適応度理論は半世紀にわたり、データはかなり乏しいままだったとはいえ、高度な社会的行動の起源を説明するものとして優勢だった。最初は一九五五年、イギリスの遺伝学者J・B・S・ホールデンによる単純な数学モデルから始まった。ホールデンの主張は次のようなものだった（ここではわかりやすいよう少し変えている）。あなたが独身で子供がなく、川岸に立っているとしよう。水面に目を遣ると、弟が川に落ちて溺れている。その日の川は荒れ狂っていて、あなたは泳ぎが苦手なので、飛び込んで弟を助ければ自分が溺れてしまうかもしれない。弟を救うにはあなたの利他的行動が必要なわけだ。しかし（ホールデンによれば）あなたを利他的にする原因遺伝子も含めて、遺伝子まで利他的である必要はない。それは次のような理由からだ。溺れている男性はあなたの弟なので、彼の遺伝子の半分はあなたと同じだ。だからあなたが川に飛び込み、弟を救えば、きっとあなたは溺れる。あなたはこの世からいなくなるが、あなたの遺伝子の半分は残る。失われた分を穴埋めするには、弟が新たに子供をふたりもうけるだけでいい。遺伝子は選択の単位であり、遺伝子こそ自然選択による進化において重要なものだ。

一九六四年、同じくイギリスの遺伝学者のウィリアム・D・ハミルトンがホールデンの概念を一般式で表し、のちにハミルトンの不等式と呼ばれるようになった。前述の勇気ある兄のように、行為者の子孫の数が減少するというコストを利他的行動の受益者の子孫の数が増加するという利点が上回る場合、利他的行動をつかさどる遺伝子は増えるという。ただし、このように利他的行動の行為者が有利になるのは、受益者との血縁関係が近い場合にかぎられる。血縁の度合いは、利他的行為をする個体とその受益者が共通の血統によって共有する遺伝子の割合だ。きょうだい間で二分の一、いとこ間で八分の一という具合に、血縁の度合いが薄れるにつれて共通する遺伝子の割合も急速に低下していく。このプロセスはのちに血縁選択と呼ばれるようになった。どうやら、少なくともこの理論でいけば、血縁関係の近さが利他的行動と協力の生物学的起源のカギらしい。したがって血縁関係の近さは高度な社会的進化の主要因のひとつだ。

一見、血縁選択は組織された社会がいかにして生まれたかの説明として理にかなっているように思える。個体が何らかの形で集まってはいるが組織化されてはいない集団について考えてみよう。たとえば魚の群れ、鳥の群れ、ジリスの地域個体群などだ。同じ集団のメンバーは自分の子孫ばかりか仲間の子孫も認識でき、その結果、標準的な（ダーウィン進化論の）自然選択によって育児行為が進化するとしよう。きょうだいやいとこなど、血縁関係のある傍系親族も見分けられる。そのうえ、個体が遠縁者もしくは血縁関係のない個体よりも近縁者を優遇するような遺伝子変異が生じるとする。極端な例はホールデンの挙げたきょうだい優先の英雄的行為だろう。その結果が縁者びいきで、集団内の特定のメンバーが進化上有利になる。しかしそれによって進化途上の個体群はどこへ向かうのだろうか。傍系親族を優遇する遺伝子が広がれば、集団は競合する個体とその子孫の集合体ではなく、似たような大家族が競合する集合体と化す。集団規模の利他主義、協力、分業、言い換えれば組織化された社会を実現するには、異なるレベルの自然選択が必要になる。すなわち集団選択だ。

同じく一九六四年、ハミルトンは血縁関係の原則を一歩進めて包括的適応度の概念を導入した。社会性のある個体は集団で暮らし、集団内の他のメンバーと相互作用する。個体は交流する集団内の他のメンバーそれぞれとの血縁選択に関与する。その個体が次世代に渡す自らの遺伝子に及ぼす付加的効果がその個体の包括適応度――すなわちメリットとデメリットの総計から集団内のメンバー同士の血縁の度合いを割り引いたものだ。包括適応度理論では選択の単位は遺伝子から個体へわずかに移った。

当初、包括適応度理論は自然界で見られる数例に絞られており、私は興味を惹かれた。ハミルトンの論文から一年後の一九六五年、私はロンドンの英国王立昆虫学会の会合で包括適応度理論を擁護した。その夜、私の隣にはハミルトン本人がいた。社会生物学の新分野について系統立てて記した *The Insect Societies*（一九七一年）および『社会生物学』（新思索社刊、原書の発行は一九七五年）で、私は血縁選択が高度な社会的行動の遺伝学的説明のカギであるとし、カースト制やコミュニケーションなど社会生物学の構成要素である他の主要なテーマと対等に扱った。一九七六年、雄弁な科学ジャーナリストであるリチャード・ドーキンスが包括適応度理論の概念を、ベストセラーとなった『利己的な遺伝子』（紀伊國屋書店刊）で一般向けに解説。まもなく血縁選択と包括適応度のいくつかのバージョンが社会的進化についての教科書や一般向けの記事に登場した。その後三〇年間、血縁選択を一般的・抽象的に拡大したものが大量に、とくにアリなどの社会性を持つ昆虫で検証され、序列、紛争、性差による投資に関して実証されたとの主張がなされた。

二〇〇〇年には血縁選択とその大規模な包括適応度の中心的役割は偉大な定説に近いものになっていた。専門論文を執筆する際は、提示するデータの内容との関連性がごく薄くても、包括適応度理論が正しいと認めるのが当たり前になっていた。そのころには包括適応度理論に基づいて学問上のキャリアが築かれ、国際的な賞が授与された。

しかし、包括適応度理論は単に間違っていたばかりでなく、根本的に間違っていた。今にして思えば、一九九〇年代にすでにふたつの非常に大きな欠陥が浮上し、拡大し始めていたのは明白だ。理論自体の拡張はますます抽象的になり、その結果、社会生物学のいたるところで盛んになっている経験主義の取り組みからは遠ざかっていった。同時に、包括適応度理論の経験的研究は依然として一握りの観察可能な現象にかぎられていた。たいてい社会性のある昆虫における包括適応度理論に関して執筆することが繰り返された。その結果、より狭い範囲の話題についての論文が増えていった。生態学、系統発生、分業、神経生物学、コミュニケーション、社会生理学の全体図は、包括適応度理論の立場をとる人々の確固たる主張ではほとんど言及されないままだった。一般向けに書かれるものの大半は新味がなく断言調で、この理論がいかに偉大なものになるかを宣言していた。

包括適応度理論（擁護派は親しみを込めてIF理論と呼ぶ）は衰退の兆しを募らせていた。二〇〇五年には理論の妥当性が公然と疑問視されるようになっていた。懐疑派の筆頭格はアリやシロアリなど真社会性の昆虫の詳しい生態の優れた専門家、および、真社会性の起源と進化について別の説明を求める大胆さを持ち合わせた少数の理論家たちだった。しかし、IF理論に最も傾倒していた研究者たちは、こうした逸脱を無視するか、即座に一蹴するかした。彼らは二〇〇五年には専門家同士の匿名の査読制度にそれなりの影響力を持ち、主要学術誌に反証や反対意見が掲載させないようにすることが十分可能だった。たとえば包括適応度理論の初期の裏づけの要は、教科書に引用されているように、膜翅目《まくしもく》（ミツバチ、スズメバチやジガバチ、アリ）に真社会性の進化が多数見られるという予測だった。しばらくして、ある研究者が新たな発見によって予測が無効になったと指摘したところ、「知っていた」という意味の返事が返ってきた。知ってはいたが、話題にせずに済ませた。「膜翅目仮説」は間違いではなかった。ただ「的外れ」になっただけだ、と。あるとき、上級研究員が実地および研究室での研究を使って、原始的なシロアリのコロニーが互いに競い合い、相互関係のある同じ巣の仲間の融合によっても成長することを示そうとしたが、その結論は包括的適応度理論を適切に考慮していないとの理由でデータは却下された。

一見、門外漢には難解な理論生物学の話題が、なぜそれほど激しい対抗心をかきたてたのか。それは扱う問題が根本的に重要であり、解明しようとすれば異例なほどリスクが高くなったからだ。それ以上に、包括適応度理論はカードでできた家そっくりになり始めていた。たった一枚抜くだけで全体が崩れるおそれがあった。しかし世評を傷つけてでもカードを抜くだけの価値はあった。パラダイムシフトという進化生物学ではまれな現象が起きる見込みが広がっていた。

二〇一〇年、包括適応度理論の優勢はついに破れた。私は一〇年にわたってひそかな少数反対派のひとりとして苦闘した末、ハーバード大学の数学者で理論生物学者のマーティン・ノヴァックおよびコリーナ・タルニータと共に包括適応度理論の徹底的な分析に乗り出した。ノヴァックとタルニータはそれぞれ、包括適応度理論の基本前提は根拠が薄いことを発見していた。一方、私は理論の裏づけに使われた実地データを直接的な自然選択(前述のアリの性別の割り当てなど)によって同程度かそれ以上に説明できることを証明していた。

私たちの共同報告は二〇一〇年八月二六日、科学誌「ネイチャー」に特集記事として掲載された。報告が物議をかもす内容だと判断した同誌編集部は掲載にあたって異例の慎重さを見せた。ロンドンからこのテーマと数学的分析の手法に詳しい編集者がハーバード大学を訪れ、ノヴァック、タルニータ、私と話し合った。編集者の同意を得て、原稿は三人の専門家による匿名の査読を受けた。論文が掲載されると、予想に違わず激しい抗議の嵐が吹き荒れた——ジャーナリストが大喜びしそうなたぐいの猛抗議だ。研究や教育の場で包括適応度理論を熱烈に支持している一三七人もの生物学者が、翌年の「ネイチャー」誌の記事で抗議文に署名した。私は自説の一部を二〇一二年の著書『人類はどこから来て、どこへ行くのか』に一章を割いて再掲し、理論の正しさを信じて疑わないリチャード・ドーキンスの猛反発を招いた。ドーキンスはイギリスの「プロスペクト」誌の書評で、私の著書を読まずに「渾身の力で」投げ捨てるようにとまで書いた。

しかしその後、ノヴァックとタルニータによる数理解析も、実地データの解釈には包括適応度理論よりも標準理論が適切だという私の主張も、論破する者は現れていない。

二〇一三年、ノヴァックと私はもうひとりの数理生物学者ベンジャミン・アレンと共に、分析をさらに掘り下げた（タルニータはプリンストン大学に移り、自らの数理モデルに実地調査を追加する作業に追われていた）。二〇一三年後半、予定していた三本の査読論文の第一弾を発表。正確さを期し、本書のテーマの歴史および哲学に関連のありそうな資料を加える必要性から、私はこの最初の論文の簡略版を巻末に収録した。

これでようやく探求心をよりオープンにして、重要な問いに戻ることができる。人間の社会行動の推進力は何か、という問いだ。アフリカに現れた人類の祖先は、高度な社会組織の入口に近づくまでは下等動物と同じような道のりをたどったが、実現の仕方は大きく異なっていた。アフリカの先行人類は脳の容量が二倍以上に増え、大きく向上した記憶力に基づく知能を駆使した。原始的な社会性昆虫は幼虫と成虫、養育係と食糧調達係という具合に、集団内の社会的組織のカテゴリーに作用する狭い本能による分業を進化させた。これに対して、最古の人類を動かしていたのは集団内の個人に関する他のメンバーの詳細な知識を利用する本能による行動だった。

相手を知り親密な関係を結ぶことによって集団を生み出したのは人類だけだ。血縁によるゲノムの類似は集団形成の必然的な結果だが、血縁選択が原因ではない。血縁選択が極端に制限され、包括適応度理論が著しく現実味に欠けるのは、人間の場合も真社会性昆虫や他の動物と変わらない。人間のありようの起源は社会的相互作用の自然選択で説明するのが一番だ。すなわち、コミュニケーションをとり、認知し、評価し、結びつき、協力し、競争する、代々受け継がれた形質、およびそのすべてから生じる、自分が特別な集団に帰属する深く温かな喜びだ。集団選択によって拡張された社会的知能が、ホモ・サピエンスを地球の歴史上初めて完全に支配的な種にしたのである。

Ⅲ　アザーワールド

人間の存在の意味を理解するには人類という種を大局的に捉えるのが一番だ。そのためには、人類を想像しうる他の生命体と比較し、太陽系外に存在するかもしれない生命体とさえ推論によって比較するべきである。

第7章 フェロモンに惑わされて

今度は方向を変えて、旅を続けよう。科学が人文科学に対してなしうる最大の貢献は、人類がいかに風変わりな種か、それはなぜかを示すことだ。そのための取り組みがひいては、それぞれに風変わりな地球上のあらゆる種の本質に関する研究につながっていく。ほかの惑星に生命が存在するかもしれない、ひょっとしたら人類並みの知能を進化させた生命体さえいるかもしれない、と淡い期待が芽生える可能性すらある。

人文科学は人間の本性の奇妙な属性を「そういうもの」として扱う。この認識に基づいて、芸術家は物語や音楽やイメージをどこまでも詳細に紡ぎ出す。人類という種を特徴づける形質は、生物多様性全体と比較すれば非常にかぎられているように思える。人間の存在の意味が解明されるには、単に「そういうもの」として扱うのではなく「そういうもの」である理由を突き止める必要がある。

では手始めに、人類という愛すべき種が、地球の生物圏を形成するさまざまな生命体のなかでいかに特殊で変わっているかを見ていこう。

永劫のときが流れ、その間に何百万もの種が現れては消えた末に、ようやくその系統のひとつ、すなわちホモ・サピエンスの直系の祖先が、進化の宝くじで大当たりを引き当てた。賞金は記号としての言語を土台にした文明と文化であり、このふたつから地球の再生不可能な資源を採掘すると同時に、同じ地球に生きる他の種を悪びれもせず根絶やしにしうる、とてつもない力が生まれた。勝利のカギはさまざまな前適応の無秩序な組み合わせだった。生涯を陸で過ごすこと、大きな脳とさらに大きく進化させるための頭蓋容量、自由に動いて物を器用に扱えるしなやかな指、それに（ここが最も理解しにくい部分だが）嗅覚や味覚ではなく視覚や聴覚で方向を判断する点などだ。

もちろん、私たち人間は鼻や舌や口蓋で化学物質を察知する能力が優れていると自負している。誇らしげに、つむじ風に混じる花の香りを嗅ぎ分け、舌に残るヴィンテージワインの繊細な余韻を味わう。自宅では暗いなかでもどの部屋かが特徴的なにおいだけでわかる。それでも化学的感覚の点では人間は劣等生だといっていい。私たちに比べれば他の生物は天才だ。動物、植物、菌類、微生物の種の九九パーセント近くが、同じ種の仲間とコミュニケーションをとる手段として完全に、もしくはほぼ完全に、さまざまな化学物質（フェロモン）に頼っている。また他の化学物質（アロモン）を識別して、餌や捕食者や共生相手になりうるほかの種の生物を認識する。

人間が捉えられる自然の音もごく限られている。小鳥たちのさえずりは確かに聞き分けられるが、鳥類も人間同様、視覚・聴覚主体のコミュニケーションをするごく一握りの生き物だということを忘れないように。鳥の声に混じって、カエル、コオロギ、キリギリスやセミの鳴き声も聞こえる。何なら夕暮れ時にコウモリが発する超音波を加えてもいいが、こちらは反響によって障害物や餌となる虫の位置を知る反響定位で、人間の耳には聞こえない。

人間の化学的感覚スキルが限定的であることは、ヒトと他の生物との関係について重大なことを示唆している。そこでちょっと質問だが、ハエやサソリが鳥のように美しい声でさえずるとしたら、彼らに対する私たちの嫌悪感は薄れるだろうか。

私たちは動物のコミュニケーションの視覚信号に目を向け、鳥や魚やチョウのダンスや体色を楽しむ。昆虫やカエルやヘビも鮮やかな色やディスプレー（誇示行動）で捕食者を牽制《けんせい》する。メッセージは緊急で、捕食者を楽しませようというのではなく「食べたら死ぬか、具合が悪くなるか、とにかくまずいぞ」という警告だ。こうした警告についてナチュラリストは守るべきルールを心得ている。美しい動物がいて、こちらが近づいても平然としていたら、相手は毒を持っているばかりか、命にかかわるような猛毒かもしれない。たとえば動きの遅いサンゴヘビやのんきそうなヤドクガエルなどだ。ここまでは私たち人間も目で見て、楽しみ、かつ生き延びることもできるが、紫外線は人間の目には見えない。一方、多くの昆虫は紫外線を頼りに生きている。たとえばチョウは紫外線の反射で花を見分ける。

生物界の視聴覚信号は人間の感情を刺激し、いつの時代も往々にして偉大な芸術作品のインスピレーションを与え、音楽や舞踊や文学や視覚芸術の最高傑作を生んできた。にもかかわらず、そうした信号自体は、フェロモンやアロモンの世界において私たちの周囲で起きていることに比べれば、とるに足りないものばかりだ。この生物学の謙虚な原則を理解するために、あなたが人間を除く周囲のあらゆる生物並みにこうした化学物質を嗅ぎ分けられると想像してみよう。

途端にあなたは、それまでの世界はもちろん、想像していた世界をもはるかにしのぐ、濃密で複雑で目まぐるしく変化する世界に放り込まれる。地球の生物圏の大部分にとってはこちらが現実の世界だ。ほかの生物はこの世界で暮らしているが、あなたは今の今まで世界のはずれにいた。地面や草木から雲がわき上がる。足元からにおい物質の蔓《つる》が伸びてくる。こうしたすべてをそよ風が樹上高く巻き上げ、においの蔓は勢いを増す風にたちまち切り裂かれて消え失せる。地中では落ちた枝葉の層に覆われた細い枝根や菌糸から、煙のような細いすじが立ち上って近くの裂け目に染み込んでいく。においの組み合わせは場所によってさまざまで、距離がわずか一ミリメートル違うだけで変わる。においのパターンは目印になり、アリなどの小さな無脊椎動物は常に使っているが、人間の乏しい嗅覚では捉えられない。さまざまなにおいがたち込めるなか、希少な有機化学物質が楕円を描いて流れ、半球形の泡になって広がっていく。小さな生物の無数の種が発する化学物質のメッセージだ。なかには生物の体から流れ出すものもある。これらのメッセージは捕食者が餌を見つける手がかりにもなれば、餌になる側に捕食者が近づいているのを知らせる警告にもなる。あるいは同じ種の仲間へのメッセージもある。「ここにいるよ」と未来の交尾相手や共生相手に囁きかける。「来て、お願い、こっちに来て」と。同じ種の未来のライバルに対しては、犬が消火栓にかけるフェロモンのように、「ここは俺の縄張りだぞ、出て行け！」と警告する。

過去半世紀（その前半、私はアリのコミュニケーションを研究して素晴らしい時間を過ごした）の研究でわかったように、フェロモンは不特定多数に向けて空気中や水中に放出されるばかりではない。むしろ特定の標的を正確に狙う。フェロモンによるコミュニケーションを理解するカギは、「作用空間」だ。におい分子は発生源（たいていは動物など生物の体にある腺）から放出されると、同じ種の他の個体が察知できる濃度のプルーム（塊）の中心部にとどまる。それぞれの種の何万年、何百万年にわたる進化は、分子の大きさと構造、メッセージごとに放出される量、果てはそのにおいを受け取る側の感受性までを、驚くほど巧妙に操作してきた。

メスのガが夜にオスのガを呼ぶ場合について考えてみよう。一番近くにいるオスは一キロメートル離れているかもしれない。ガの体長からすれば人間にとっての約八〇キロメートルに相当する距離だ。そのため性フェロモンは強力でなくてはならず、それは研究によっても実証されている。たとえばノシメマダラメイガのオスは一立方センチメートル当たりわずか一三〇万個の分子だけで行動を開始する。多いと思うかもしれないが、たとえばアンモニア（NH_3）一グラムには一〇の二三乗個の分子が含まれており、それに比べれば微々たるものだ。フェロモン分子は同種のオスを引き寄せるくらい強力なだけでなく、違う種のオスや捕食者が寄ってこないように稀有な構造をしている必要もある。ガの性誘引物質は非常に厳密で、近縁種では原子一個か二重結合の有無、あるいは異性体一個だけの違いということもある。

それほど排他性の強い種の場合、オスのガは交尾相手を探す際に深刻な問題に直面する。オスは幻のような作用空間に入って追跡しなければならない。作用空間はメスの体のごく小さい点から始まり、最初はおおざっぱな楕円形（紡錘の形）で、しまいには再び小さな点になり、消える。私たちが台所のにおいの元を嗅ぎ当てるときのように、においの濃度の薄い部分から濃くなっていく勾配をたどるだけでは、ほとんどの場合、目指すメスを見つけることができない。オスは別のやり方で私たちと同じくらいには成果を挙げる。オスはフェロモンに遭遇すると、呼んでいるメスに出会うまで風上に向かって飛び続ける。途中で風向きが変わってにおいの流れがゆがみ、作用空間からそれてしまうこともありがちだが、その場合はジグザグに飛んで再び作用空間に入る。

この程度の嗅覚は生物界では当たり前だ。ガラガラヘビのオスはフェロモンをたどって発情したメスを見つける。オスもメスも舌をちろちろと出し入れして地面のにおいを嗅ぎ、銃を手にマガモを追う猟師に匹敵する正確さで、シマリスに近づく。

これと同じ程度の嗅覚スキルは、動物界では細かい識別が求められるあらゆる場面で見受けられる。ヒトも含めた哺乳類では、母親はにおいで自分の子供を識別できる。アリは近づいてくるワーカーの体を二本の触覚でさっと撫でるだけで、同じ巣の仲間かよそ者かがコンマ何秒でわかる。

作用空間のデザインは性や認識に加え、多種多様な情報をやりとりするように進化を遂げてきた。見張り役のアリは警戒物質を出して、敵が近づいていることを同じ巣の仲間に知らせる。これらの化学物質は性フェロモンや追跡フェロモンに比べて単純な構造をしている。大量に放出され、作用空間は遠くまで急速に広がる。プライバシーは必要ない。むしろ味方も敵も嗅ぎつけるのが当然——それも早ければ早いほどいい。できるだけ多くの仲間の警戒心をあおり、行動を起こさせるのだ。警戒フェロモンを察知した途端に、気合いの入った戦闘要員は戦場に向かい、世話係は幼虫を巣の奥に運ぶ。

フェロモンとアロモンの注目すべき組み合わせを「プロパガンダ物質」として使うのは、アメリカに生息するサムライアリ（他種のアリを奴隷にする）の一種だ。奴隷制は北温帯のアリに広く見られる。まず、ほかの種を奴隷にする種のコロニーがそうでない種を急襲する。サムライアリの巣ではワーカーは働かず、雑用はほとんどやらない。だが古代ギリシャのスパルタの闘士と同じで、ひとたび戦闘になれば普段ののらくらぶりとは打って変わって獰猛さを発揮する。一部の種の攻撃アリは強力な鎌形の大あごを持ち、それで敵の体を貫くことができる。私はアリの奴隷制を研究していて、がらりと違うやり方をする種を発見した。その種の攻撃アリは腹部（三つに分かれた体の一番後ろの部分）に腺の非常に肥大化した貯蔵嚢があり、警告物質が詰まっている。狙った巣に侵入すると大量のフェロモンを部屋と通路にまき散らす。アロモン（厳密には偽フェロモン）の効果で、攻撃された側は混乱し、パニックに陥り、退却する。人間でいえば、耳をつんざく警報が四方八方からひっきりなしに鳴り響くようなものだ。一方、侵略する側のアリはパニックには陥らない。むしろフェロモンに引き寄せられ、その結果、襲った巣の若いアリ（さなぎの段階）をたやすく捕虜にして連れ去ることができる。さなぎから成虫になった捕虜は、刷り込みによって捕らえた側の姉妹として行動し、生涯を奴隷として過ごすことを厭《いと》わない。

アリはことによると、フェロモンの使い方にかけては地球上で最も進化した生物かもしれない。既知の昆虫の種で、アリほど触角に嗅覚などの感覚受容器を数多く持つ昆虫はいない。アリは歩く外分泌腺群でもあり、それぞれの腺が異なる種類のフェロモンの分泌に特化している。社会生活をコントロールするために、種によって一〇種類から二〇種類のフェロモンを使い分ける。しかもそれはアリの情報システムの序の口だ。種類の異なるフェロモンを一緒に分泌してより複雑な信号を送る場合もある。分泌する時間や場所によっても意味が変わってくる。分子の濃度を変えて、さらに多くの情報を伝えることも可能だ。たとえば私の研究では、アメリカに生息する収穫アリの少なくとも一種の場合、かろうじて探知できる濃度のフェロモンであれば、ワーカーはフェロモンの発生場所に引き寄せられる。濃度がいくぶん高めなら、アリは発生場所を探して興奮したように行ったり来たりする。信号を発しているワーカーの近くで濃度が最高なら、ひどく興奮して、付近にいる見知らぬ生物を手当たり次第に攻撃する。

植物も種類によってはフェロモンでコミュニケーションをとる。少なくとも隣の植物の苦難を読みとり、それに反応して行動できる。危険な敵（細菌、菌類、昆虫など）に襲われた植物は、侵略者を鎮圧する化学物質を出す。なかには揮発性の物質もある。隣の植物はそのにおいを「嗅ぎ」、自身はまだ襲われていなくても防御反応を示す。液汁を吸うアブラムシに襲われる種もある。アブラムシは北温帯にとくに多く見られる昆虫で、深刻な被害をもたらしかねない。植物が発する気化物質は、隣の植物に防御物質を出させるだけでなく、アブラムシに寄生する小さなジガバチにも届き、ジガバチを近くに引きつける。さらに別の防御策を講じる種もいくつかある。菌根をつくって植物と共生する菌類を介して、植物から植物へと信号を伝えるのだ。

細菌でさえ、秩序を保つのにフェロモンに似たコミュニケーション手段を使う。個々の細胞が結合し、特別な価値を持つDNAを交換する方法だ。個体群密度が高まるにつれ、一部の種は「クオラムセンシング*」にも関与する。きっかけは細胞の周囲に分泌される液状の化学物質だ。クオラムセンシングは協調的行動とコロニー形成につながる。後者のプロセスで最もよく研究されているのは生物による膜の構築だ。自由に浮遊する細胞が表面に集まり、グループ全体を囲んで保護する物質を分泌する。こうしたミクロ社会は私たちの周囲や体内のいたるところに存在する。なかでもおなじみなのが、洗っていない浴室表面の垢や磨き残しの歯垢だ。

人類がフェロモンだらけの世界の本質を理解するのに手間取ってきた理由は、進化の観

＊ 細菌のコミュニケーション方法のひとつ。化学物質をやりとりすることで、同種の細菌がどの程度存在するかを感知し、それに応じて振る舞いを調節する。

点から簡単に説明がつく。まず私たちは大きすぎて昆虫や細菌の生態を理解するには特別な努力を必要とする。また、ホモ・サピエンスのレベルまで進化する過程で、私たちの祖先は、言語と文明の発生を可能にする大容量の記憶装置を備えた大きな脳を持つようになった。さらに、二足歩行に移行した結果、両手が自由に使えるようになり、より高度な道具の製作が可能になった。脳の大きさと二足歩行により、ゾウやずば抜けて大きい有蹄類を別にすれば、他のほとんどの動物よりも頭部の位置が高くなった。その結果、目と鼻の位置が人間以外のほとんどの生物から遠ざかった。地球の種の九九パーセント以上が小さすぎ、地面近くに縛りつけられているため、人間の感覚ではなかなか捉えられない。最後に、人類の祖先はコミュニケーションの手段としてフェロモンではなく視聴覚を使わざるをえなかった。それ以外の感覚では、フェロモンを含めて、どれもコミュニケーションをとるのに時間がかかりすぎただろう。

端的にいえば、人類をほかの生物より優位にした進化上のさまざまな技術革新は、感覚という点では私たちを不自由にした。人類は他のほとんどすべての生物の存在に大部分気づかず、地球の生物圏を無頓着に破壊してきた。人類が誕生してまもないころ、各地に広がり、人口が指数関数的に増加し始めたばかりのころは、それでもたいして問題はなかった。当時はまだ人類の数が少なく、使うといっても陸と海にあふれていた手つかずのエネルギーと資源のほんの上澄みにすぎなかった。大きな過ちを許容するだけの時間もスペースもまだ十分にあった。しかし、そんな幸福な時代は終わった。私たちはフェロモンでコミュニケーションをとることはできなくとも、ほかの生物がどのようにしてフェロモンでコミュニケーションをとっているかをもっと学んだほうがいい。より効果的に彼らを救い、同時に、私たちが依存している環境の大部分も救うために。

第8章
超個体

想像してみよう。あなたは観光で東アフリカの公園を訪れ、双眼鏡でライオンやゾウ、バッファローやレイヨウなど、サバンナを象徴する大型の哺乳動物の群れを眺めている。そのとき突然、アフリカで最も大きく、最も理解されていない野生の光景が、あなたのいる場所のほんの数メートル先の地面から現れる。何百万という軍隊アリのコロニーが地下の巣から這い出てくる。興奮し、何も考えていない、小さくて気まぐれな怒りの急流。最初、アリたちには明確な目的はないように見えるが、じきに縦列を組んで外側に広がっていき、多くのアリがお互いの上を歩くほどの過密状態になり、全体では束になったロープがねじれてのたうっているように見える。

生きとし生けるもののなかで、この怒れる隊列に触れようとするものなどいない。食糧調達係のアリたちは皆、餌になりそうなものが飛び込んでこようものなら、たちどころに猛然と嚙みつき、刺す。隊列に沿って配備されているのは兵士で、これら体格の大きい防衛の専門家は突起した足で立ち、釘抜きの形をした大あごを上に向けている。軍隊アリは統率がとれているがリーダーはいない。先鋒を務めるのはそのときたまたま先頭に立ったワーカーたちだ。先鋒はやみくもに前方に突進したかと思うと、たちまち後続のアリたちに押しのけられる。

巣から二〇メートルくらいの地点で、隊列の先が扇状に分かれ、どんどん小さく枝分かれしていく。行く手の地面はあっという間に、昆虫やクモなどの無脊椎動物を狩る隊列と個々のワーカーのネットワークに埋め尽くされていく。進軍の目的はもう明らかだ。アリたちはいたるところで狩りをし、食糧として巣に持ち帰ることのできる小さな獲物をできるだけたくさん集める。自分たちより大きくても、運悪く隊列の行く手を遮ってしまった動物も丸ごと、あるいは一部を巣に引きずっていく——トカゲ、ヘビ、小型の哺乳類、それに噂では、目を離した隙に赤ん坊をさらっていくことさえあるという。軍隊アリが容赦ない獰猛さを示すのも当然だ。大勢の仲間を養うには大量の餌を頻繁に集めなければならない。さもなければシステム全体がたちまち崩壊してしまう。食糧調達係と巣に残るワーカーを合わせたコロニー全体では、妊娠しないメスが二〇〇〇万匹。すべて親指大の女王アリの娘で、言うまでもなく女王アリは知られているかぎりでは世界最大のアリでもある。

軍隊アリのコロニーは進化の歴史でもとくに極端な超個体だ。少しピントをはずし気味にして見れば、長さ一メートルの偽足を伸ばして餌を飲み込む巨大なアメーバのようにも見える。その超個体の構成単位はアメーバなどのように細胞ではなく、それぞれ体があって足が六本ある個体だ。これらのアリたち、生ける構成単位は、互いに完全に利他的で完璧に協調しているので、生物を構成する細胞と組織の組み合わせにそっくりだ。軍隊アリのコロニーを自然界や映画で目にしたら、思わず「彼ら」ではなく「それ」と口走ってしまうだろう。

既知のアリ一万四〇〇〇種はすべて超個体のコロニーを形成するが、組織の複雑さや規模の点で軍隊アリに並ぶものはごくわずかだ。私は少年時代からかれこれ七〇年近く、世界各地の何百種というアリを、シンプルなものも複雑なものも含めて研究してきた。その経験から、アリの生態を人間の生態に当てはめる方法について、いくつかアドバイスしたい（お察しのとおり、実際に使えるチャンスは非常にかぎられているが）。まずは私が一般の人々から最も頻繁に訊かれることから始めよう。「キッチンにアリが出るんですが、どうしたらいいでしょう」。私は心からこう答える。足元に気をつけて。小さな命を踏みつけないように。彼らがとくに好きなのはハチミツ、ツナ、クッキーの食べくずです。そういうものを少しだけ床に置いて、じっくり観察してごらん。最初の斥候《せっこう》が餌を発見し、においの跡を残してコロニーに報告します。第一発見者の後ろから餌のありかまで小さな縦列が続いている様子は、別の惑星かと思うくらい非常に奇妙な社会性行動です。キッチンのアリを害虫とか虫だと思うのではなく、あなたの個人的なお客の超個体だと思いなさい。

次によく訊かれるのが、「私たち人間がアリから学べる道徳的価値観は何ですか」。私はやはり、きっぱり答える。何ひとつない。まねできそうなことすらない。第一に、ワーカーは一匹残らずメスだからだ。巣のなかでオスが成体になって現れるのは一年に一度きり、それも短い間に限られる。オスは冴えない哀れな生き物で、羽根と大きな目と小さな脳を持ち、体の最後部の大部分を生殖器が占めている。巣にいる間は働かず、一生に一度の役目というのが、全員が巣を飛び立って交尾する交尾期に、交尾経験のない女王に授精することだ。オスはたったひとつの超個体的な役割のためにつくられた、生殖ミサイルを発射するロボットである。交尾後もしくは交尾すべく全力を尽くしている間（交尾経験のない女王アリの元にたどり着くだけでも、激戦をくぐり抜けなければならないことが往々にしてある）は巣に戻れず、数時間で死ぬ運命にある。たいていは捕食者の餌食になって、だ。ここで道徳的教訓を。教養あるアメリカ人のほとんどと同じように、私も男女平等の推進にはやぶさかではないが、軍隊アリのごとき性交渉のやり方はフェミニズムの暴走ではあるまいか。

しばし巣での暮らしに話を戻せば、多くの種のアリが死んだ仲間を食べる。それだけでも嫌な話だが、実をいえば、けがをした仲間も食べるのだ。あなたは自分がつぶしたり踏み殺したりしてしまった（どうか故意にではなく、うっかり、でありますように）アリの体を仲間のアリたちが巣に運んでいくのを目にして、戦場での英雄的行為を見る思いがしたことがあるかもしれない。しかし実際の目的はもっとおぞましいものなのだ。

アリは年をとるにつれ、巣の一番外側の部屋や通路で過ごす時間が増え、危険な餌探しに出かける機会も増える。敵対するアリなど自分たちの縄張りや巣の周囲に押し寄せてきた侵入者を真っ先に攻撃するのもこうしたアリたちだ。じつはこれが人間とアリの大きな違いで、人間は若者を戦場に送るが、アリの場合はおばあさんを戦場に送る。より安上がりな高齢化対策を探しているならともかく、これは道徳的教訓にならない。

病気のアリも年老いたアリと一緒に巣の入口近くへ、ひいては外へ移動していく。アリの医者はいないから、巣を出るのは診療所を探すためではなくて、ひとえに仲間を感染症から守るためだ。菌類や吸虫に感染したアリは巣の外に出て死に、これらの菌類や吸虫の子孫が巣の外にばらまかれるようにする。この行動は誤解されやすい。ハリウッド映画で地球征服を企むエイリアンだのゾンビだのをさんざん見ていれば、私もそうだが、寄生虫が宿主の脳を乗っ取っているのではないか、と思うかもしれない。現実ははるかに単純だ。病気になったアリは巣を離れて仲間を守るという遺伝的傾向がある。一方、寄生する側は寄生する側でアリのそんな習性を利用するよう進化してきた。

あらゆる種のアリのなかで最も複雑な社会、ということはつまり、あらゆる動物の種のなかで最も複雑な社会は、アメリカ大陸の熱帯地方に生息するハキリアリの社会だ。メキシコから温暖な南米にかけての低地の森林や草地で、中くらいの大きさの赤いアリが長い列をつくっているのが目につくはずだ。その多くが切り取ったばかりの葉や花や小枝を運んでいる。ハキリアリは液汁は吸うが、固形の新鮮な植物は食べない。切り取った植物は巣の奥に運び、いくつもの複雑なスポンジ状の構造物につくり替える。これを培養基にして菌を育て、それを食べるのだ。原材料となる植物片を集めて最終製品を完成するまでの全プロセスは、それぞれの専門職が並ぶ組立ラインで行われる。巣の外にいるハキリアリは中くらいの大きさだ。荷物を巣に運ぶ間は無防備なので、ノミバエが彼らを襲って卵を産みつけようとする。産みつけられた卵から孵化した幼虫はアリの肉を食べる。そんなことになるのを防ぐのはほとんどの場合、仲間の小さなワーカーだ。ゾウの背中に乗ったゾウ使いのように、採集係のアリの背中に小さいワーカーが乗っていて、後ろ足を素早く動かしてハエを追い払う。巣のなかでは採集係よりやや小さめのワーカーたちが、植物片を直径一ミリほどに切断する。それをさらに小さいアリたちが嚙んで塊にし、自分の糞を肥料として加える。そうしてでき上がった塊を使って、さらに小さいワーカーが畑をつくる。一番小柄な（ハエ追い係と同じ大きさの）ワーカーが畑に菌を植えて世話をする。

ハキリアリにはもうひとつカーストがあり、ワーカーのなかで最も体が大きい。頭部が特別大きく、発達した内転筋を使って、カミソリのように鋭い下あごを、革さえも切断できる（人間の皮膚などひとたまりもない）ほど勢いよく閉じる。どうやらアリクイを筆頭に、いくつかの大型哺乳類など最も危険な捕食者から巣を守る役目に特化しているらしい。これらの兵士たちは普段は巣の奥の部屋に身を潜め、巣が深刻なトラブルに見舞われたときのみ前方に突進する。私は最近、コロンビアでの実地調査中につまずいて、こうした猛者たちをほとんど苦もなく地表に引きずり出した。ハキリアリの巣が巨大な空調システムになっているのは知っていた。中心部に近い通路には排出された二酸化炭素（CO_2）たっぷりの空気がたまり、畑と、畑の菌を食べて生きている無数のアリたちによって暖められている。暖まった空気は対流によって真上の開口部を通り抜ける。同時に新鮮な空気が開口部から巣の周辺部にめぐらされている通路に流れ込む。私が周辺部の通路に息を吹き込めば、哺乳類の息が巣の中枢に流れ込み、たちどころに巨大な頭部を持つ兵士たちが私を探しに出てくることがわかった。もちろん、それがわかったところで何かの役にたつわけではない。アリたちに本気で追いかけられるスリルがお好みならば、話は別だが。

アリ、ハナバチ、狩りバチ、シロアリの高度な超個体は、ほぼ純粋に本能だけに基づいて文明に似たものを達成している。脳の大きさは人間の脳の一〇〇万分の一だというのに。しかも彼らはそんな偉業を驚くほどわずかな本能で成し遂げてきた。超個体の進化は組立玩具を組み立てるようなものだ。基本的なピースをほんの数片、組み合わせを変えるだけで、さまざまな構造物をつくることができる。超個体の進化においては、最も効果的に生き延びて生殖するのは、現在、高度な複雑さで私たちを驚かすものたちだ。

超個体のコロニーを進化させることのできる、ごくわずかな幸運な種は、概してすこぶる成功を収めている。既知の社会性昆虫およそ二万種（アリ、シロアリ、社会性のハナバチと狩りバチの合計）は、既知の昆虫およそ一〇〇万種のわずか二％を占めるにすぎないが、生物量＊では昆虫全体の四分の三に相当する。

しかし複雑さには弱さがつきものだ。そこで脳裏をよぎるのが超個体のスーパースター、飼育下のミツバチだろう。ニワトリ、ブタ、犬など、人間と共生関係にある単独性か弱い社会性の動物が病気になった場合、そうした動物の生態は単純で、獣医は問題のほとんどを診断し治療できる。一方、ミツバチの生態は、家畜のなかでも群を抜いて複雑だ。環境への適応に非常に多くの曲折があり、それらがうまく機能しなくなればコロニーのライフサイクルのどこかに支障が出るおそれがある。現在、ヨーロッパと北米のミツバチのコロニー崩壊症候群が農作物の授粉と人類の食糧供給をひどく脅かしているが、その処置しにくさは超個体全般の本質的な脆弱性を象徴しているのかもしれない。人類の複雑な都市と統合されたハイテク同様、ミツバチの優秀さこそがかえって彼らのリスクを増大

一＊　ある空間に生息する生物の総重量。

させているのかもしれない。

人間社会が超個体と表現されるのをときおり耳にするだろうが、これは少しばかり言いすぎだ。確かに人間の社会は協力と労働の専門化と頻繁な利他的行為がカギになって形成される。しかし社会性昆虫がほぼ本能だけに支配されているのに対し、私たち人間の分業は文化の伝播に基づいている。また、社会性昆虫と違い、人間は利己的すぎて生命体の細胞のようには振る舞えない。ほぼすべての人間が自分で運命を切り開く。自分の子孫を残すこと、あるいは少なくともその目的にかなう何らかの性的行為を楽しむことを望む。奴隷制には常に反抗し、ワーカーのような処遇に甘んじることはない。

第9章 なぜ微生物が宇宙を支配するのか

太陽系の外には何らかの生命体が存在する。少なくとも太陽から一〇〇光年の近さで、恒星のまわりを公転する少数の地球のような惑星には存在すると、専門家も認めている。そうした生命体の存在に関する直接的な証拠は、存在を肯定するものであれ否定するものであれ、じきに手に入るだろう。ことによると一〇年、二〇年かからないかもしれない。惑星の大気中を通過する母星の光を分光分析すればいい。生命体だけが生み出せる「生命の痕跡」の気体分子が見つかれば（あるいは生命のない気体の平衡において予想よりはるかに豊富であれば）、地球外生命体が存在する可能性は、明確な推論に基づく仮説の域を脱し、大いに現実味を増すはずだ。

私は生物多様性の研究者として、おそらくはそれ以上に、根っからの楽天家として、地球そのものの歴史を根拠にして太陽系外生命体の探索に信憑性を加えられると自負している。地球では条件が有利になるとすぐに生命が誕生した。私たちの地球が生まれたのは今からおよそ四五億四〇〇〇万年前。微生物が登場したのは地球表面がかろうじて生命が生息できる環境になってまもなく、一〇〇〇万年から二〇〇〇万年以内だった。生息不可能な環境から生息可能になるまでの時間は人間にとっては永遠に思えるだろうが、銀河系全体の一四〇億年近い歴史のなかでは一昼夜にもならない。

確かに、地球の生命の起源は広大な宇宙のなかのほんのひとつのデータにすぎない。それでも宇宙生物学者は地球外生命体の探査に重点を置いた高度な技術を駆使し、私たちの銀河系に地球と同じような生物学的起源を持つ惑星が、少なくともいくつか、おそらくは相当数存在すると考えている。彼らが探す条件は、水が存在し、かつ公転軌道が「ゴルディロックス・ゾーン」にある惑星——太陽との距離が灼熱にさらされるほど近すぎず、永遠に氷に閉ざされるほど遠すぎない惑星だ。しかし同時に、現在は生命が存在しにくい環境だからといって、これまでもずっとそうだったとはかぎらないことも心にとどめておかなければならない。さらに、不毛に見える表面に生命をはぐくむ小さなオアシスがぽつんと存在する可能性もある。最後に、分子の要素がＤＮＡのものとは異なり、エネルギー源が地球の生物が利用するものと異なる生命が、どこかで発生している可能性もある。

そう考えれば当然、異星の生命は、条件がどうあれ、かつ、陸や海にあふれているにせよ、あるいは小さなオアシスにかろうじて生息しているにせよ、大部分あるいはすべてが微生物だと予測すべきだろう。地球ではこうした生命体の大部分は小さすぎて裸眼では見えない。ほとんどの原生生物（アメーバやゾウリムシなど）、顕微鏡でなくては見えない菌類や藻類、それに最も小さい、細菌や古細菌（一見、細菌に似ているが遺伝学的にはかなり違う）、ピコゾア（最近発見された極めて小さい原生生物）、ウイルスなどだ。大きさの目安としては、あなたの数十兆個のヒト細胞の一個、アメーバ一匹、あるいは単細胞の藻を小さな都市ひとつの大きさとすれば、典型的な細菌か古細菌はフットボール競技場の大きさ、ウイルスはフットボールの大きさだ。

地球の微小な動植物全体は極端な環境でも順応性があり、一見、死の危険をはらんでいそうな環境に生息している。仮にETの天文学者が地球をスキャンしていたとしたら、たとえば、深海にある海底火山の火口から噴き出す沸点を超える高温の泡に生息する細菌だの、鉱山から流れ出る硫酸に近い酸性度の水に生息する別種の細菌だのは見えないだろう。ETの天文学者は探知できないだろうが、南極大陸のマクマードドライバレーの火星のような表面（極の氷冠を除けば、地球の陸地では最も生息に適さない環境とされる）にはたくさんの微生物がいる。ETはデイノコッカス・ラディオデュランスという地球の細菌にも気づかないだろう。この細菌は、致命的な放射線に対する耐性が非常に強く、最後の細胞が死滅するより先に、その細菌を培養するのに使われているプラスチック容器が色あせてひび割れてしまうほどだ。

そうした地球の生物学者のいう極限環境微生物が、太陽系の他の惑星にいる可能性はあるだろうか。火星の場合、生命は太古の海で進化し、現在は深い帯水層で生き延びている可能性がある。そんなふうに地下に潜った生物が地球には数多く存在する。高度な洞窟生態系はどの大陸にもあふれている。少なくとも微生物、世界の昆虫類とクモ類のほとんど、それに魚は、体の構造と行動が、完全な闇に閉ざされて生物もまばらな環境に特化したものになっている。それ以上にすごいのが地殻内独立栄養微生物生態系SLiMEで、地表付近から地下一・四キロメートルまでの土壌と岩の割れ目に生息し、岩石の代謝をエネルギー源にしている細菌で構成されている。そのSLiMEを餌にしている地中深くに生息する線虫（ごくありふれた小さな虫で地球表面のいたるところにあふれている）の新種が最近発見されたばかりだ。

太陽系には、火星以外にも生命が存在する可能性のある星がある。少なくとも、地球で極限環境生物と呼ばれているものと同じ生理を持つ生物が存在する可能性はある。土星の第二衛星で地質活動が非常に活発なエンケラドスの凍りついた間欠泉の下や、周囲の水のある小島に生命を探すのは理にかなっている。機会があれば、木星の衛星であるカリスト、エウロパ、ガニメデ、土星最大の衛星タイタンの水をたたえた広大な海も探査するべきだ（と私は思う）。これらの海はどれも厚い氷に覆われている。表面は酷寒で生命は存在しないだろうが、厚い氷の下の奥深くには暖かい部分があって、液状の生物が存在しうる。人類がそう望むなら、ゆくゆくは、氷の殻にドリルで穴を開け、その奥にある水にたどり着くことができる。折しも地球では現在、南極大陸の氷冠に一〇〇万年以上にわたって閉ざされていたボストーク湖で、同様の科学探査が進んでいるところだ。

いつの日か、ことによると今世紀中に、人類は、というよりおそらく人類が開発したロボットが、生命を探してこれらの場所の探査に乗り出すだろう。そうすべきであり、きっとそうするはずだ。人類の集合知をしぼませないためには、開拓すべき新たなフロンティアが欠かせない。故郷を遠く離れて艱難辛苦に満ちた漂泊と冒険の旅がしてみたいという思いは、私たちの遺伝子に刻み込まれている。

地球の外に向かう天文学者と生物学者は、最終的にはもちろん、さらに遠くへたどり着く運命にある。はるか遠く、ほとんど人智の及ばない、はるか彼方の宇宙空間へ、恒星とその周囲をまわる、生命を宿している可能性のある惑星にだ。そうした地球から遠く離れた深宇宙は光を通すので、はるか彼方の星で生命が発見される可能性は大いにある。多くのターゲット候補が、ケプラー宇宙望遠鏡（二〇一三年に一部機能を停止）のほか、計画されている他の宇宙望遠鏡や地上に設置された最も強力な天体望遠鏡が集める大量のデータのなかから見つかるはずだ。その日は遠からずやってくる。二〇一三年半ばまでに、九〇〇近い太陽系外惑星が探知されており、近い将来さらに数千が見つかる可能性が高い。ある最近の探査（ひとことといわせてもらえば、探査というのは確かに科学においてリスクを伴うプロセスだが）によれば、恒星の五分の一は周囲を地球くらいの大きさの惑星が公転していると推測される。実際、これまでに発見されたなかで最もよくあるクラスの恒星系には、地球と同規模から三倍の大きさで、重力が地球と同じくらいの惑星が含まれている。そのことは外宇宙に生命が存在する可能性について何を意味するのか。第一に、さまざまな種類の恒星が太陽から一〇光年以内の距離に一〇個、一〇〇光年以内に約一万五〇〇〇個、二五〇光年以内に二六万個存在するとしよう。地球の地質学的な歴史において初期の生命がどのように発生したかを手がかりにして考えれば、一〇〇光年という近い距離に生命を宿した惑星が何十、何百と存在する可能性はある。

最も単純な形の地球外生命が見つかるだけでも、人類の歴史においては飛躍的な一歩になるだろう。人類が思い描く宇宙における位置づけを、組織においてはどこまでも謙虚なもの、業績においてはどこまでも壮大なものとして確立することになるだろう。

太陽系の地球以外のどこかで微生物が発見されるとしたら、その遺伝子コードを解読したいと科学者は（切に）願うはずだ。ロボット装置を使えば、微生物を地球に持ち帰らずとも遺伝子コードを解読できる。そうすれば、生命のコードをめぐるふたつの相反する推論のうち、いずれが正しいかが明らかになるだろう。まず、微生物のＥＴ（地球外生命体）が地球の微生物とは異なるコードを持っている場合、彼らの分子生物学はかなり違ってくるだろう。それが事実だと証明されれば、まったく新しい生物学が誕生する可能性がある。さらに、地球の生命のコードは私たちの銀河系で考えられる多くのコードのひとつにすぎず、ほかの銀河系のコードは地球とは大きく異なる環境への適応として生じたと結論せざるをえないだろう。一方、ＥＴのコードが地球生まれの生物と同じであれば、地球以外の生命も地球の生物学的発生と同じで、ひとつのコードで発生する可能性を示唆しうる

（ただし、まだ証明はできない）。

あるいは、何十万年、何百万年も冬眠状態で、銀河の宇宙線や太陽エネルギー粒子線から保護されて宇宙空間を漂い、惑星間旅行に成功する生物がいるかもしれない。微生物の惑星間、恒星間旅行という説はパンスペルミア説と呼ばれ、まるでSFのようだ。その話題が出るだけで私は少々辟易する。しかし、ありえないことではないと考えなければならない。地球であれ太陽系のどこかほかの場所であれ、進化上の適応の極端な例について何か断言するには、人類は地球の膨大な数の細菌、古細菌、ウイルスについてあまりに知らなすぎる。実際、地球の細菌はたとえ（おそらくは）成功したためしはなくとも、いつでも宇宙を旅することができる状態だとわかっている。数多くの生きた細菌が高度六〇〇〇メートルから一万メートルの中層および上層大気中で発生する。直径〇・二五ミクロンから一ミクロンの粒子の平均約二〇パーセントを構成し、同じ層で周囲にあふれている種類の炭素化合物を代謝できる種も含まれている。生殖も続けられる種もいるのか、あるいは逆に地表近くの気流によって一時的に吹き上げられただけなのかは、まだわかっていない。

ひょっとすると、そろそろ地球の大気からさまざまな距離で微生物の引き網漁をするべきなのかもしれない。ごく繊細なシートでできた網を衛星に引かせて宇宙空間を何十億立方キロメートルもさらい、その網を畳んで地球に戻して調べればいい。宇宙のそうした探索が驚くべき成果を挙げる可能性はある。地球生まれの細菌で最も敵対的な条件に耐えうる新種が存在する（あるいは存在しない）とわかるだけでも、やってみるかいはあろうというものだ。そうすれば宇宙生物学の重要な問いのうち、ふたつに答える一助となるだろう。地球の既存の生物が存在可能な極端な環境条件は何か、そして地球以外のかなり過酷な条件で生物は発生するか、という問いである。

第10章 ETの肖像

これから述べることは憶測だが、純然たる憶測というわけではない。地球の無数の動物の種とその地質学的歴史を調べ、得た情報をほかの惑星で考えられる同等の動物と地質学的歴史に広げることで、地球外知的生命体の姿かたちと行動について大まかに描くことができる、ということだ。もうしばらく私の話におつき合い願いたい。このアプローチを即座に却下しないでほしい。むしろ、新しい証拠に応じてルールが変わる、科学のゲームだと考えよう。このゲームをやる価値はある。人類並みか、それより上のレベルのエイリアンと接近遭遇する可能性はほとんどないとしても、ゲームで得られたET像を絡めて私たち人類のより正確な像を描くことが可能になる。

こういうテーマはハリウッド映画に任せて、「スターウォーズ」の悪夢のような怪物やら「スタートレック」に出てくるパンク風のメーキャップをしたアメリカ人やらを勝手に生み出させればいい、という気持ちになるのは承知の上だ。地球外の微生物について知るのは難しいことではない。地球の細菌、古細菌、ピコゾア、ウイルスと同じレベルにある原始的な生物の自己集合の大まかな原理は比較的簡単に想像がつく。よその惑星にそうした微生物が存在する証拠を、科学者はじきに見つけるだろう。しかし、人類並みかそれ以上の地球外知性がどのようにして生まれるかを想像するとなると話はまったく違う。この最も複雑なレベルの進化が地球で起きたのはたった一度、それも動物の広大な多様性のなかでの六億年を超える進化の末にだった。

人類レベルの特異点、すなわち保護された巣での利他的分業に先立つ進化の最終段階が発生したのは、わかっているかぎりでは生命の歴史のなかで二〇回のみだ。この最終予備段階にたどり着いた系統のうち、三つは哺乳類、つまりアフリカのデバネズミ二種とホモ・サピエンスで、後者はアフリカの類人猿から奇妙な枝分かれをした。高度な社会性組織を達成した二〇系統のうち一四が昆虫。三つは珊瑚礁に生息する海洋性のエビだ。ヒト以外の動物はどれも体の大きさが不十分で、そのため高度な知性の進化に必要な脳の潜在的な容量も足りなかった。

人類の原型の系統がホモ・サピエンスに進化を遂げたのは、人類ならではのチャンスとまれに見る幸運が重なった結果だった。そうならない可能性は非常に大きかった。ヒトとチンパンジーが分かれてから過去六〇〇万年の間に、現生人類に直接つながる進化の途上にある祖先のどれかひとつが絶滅していたら――哺乳類の種の地質学的平均寿命はおよそ五〇〇万年なので、想像するのも恐ろしいが――次に人類レベルの種が出現するまでにさらに一億年を要したかもしれない。

太陽系の外についても同じことが言えるだけに、知的なETというのは信じがたく、かつ、まれである可能性も高い。したがって、知的なETがそもそも存在すると仮定した場合、人類レベルかそれ以上のETが地球にどれくらい近いところで見つかるかを問うのは理にかなっている。私の経験に基づいて推測させていただきたい。まず、過去四億年の間に地球上では数万種の大型の陸生動物が繁栄してきたが、そのうち人類レベルの知性に到達したのは人類だけだ。次に、二〇パーセント以上の恒星系で地球のような惑星が公転しているが、そのうち、液体の水が存在し、かつ、ゴルディロックス・ゾーン（母星との距離が灼熱になるほど近すぎず、永遠に氷に閉ざされるほど遠すぎない）に公転軌道を持つ惑星はごくわずかだ。これらの証拠は確かに非常に少ないが、それでも太陽から一〇光年以内の距離にある一〇〇の恒星系のいずれかで高度な知性が進化しているというのは疑わしい。太陽から一〇〇光年以内、一万五〇〇〇の恒星系を含む範囲でそうした進化が起きている可能性はわずかとはいえ、ないとは言い切れない。二五〇光年以内（二六万の恒星系が存在する）では、可能性は劇的に増大する。地球についての知識のみを指針にすれば、不確実でわずかに可能というレベルだったものが、実際にありうるレベルに変化する。

多くのSF作家や天文学者が一様に夢見ているように、文明を持つETが宇宙の彼方に、たとえ計り知れないほどはるか遠くであっても、存在するとしよう。彼らはどんな姿をしているだろうか。もう一度、私の経験を踏まえて推測させてほしい。人間の遺伝的な本性ならではの特徴および進化と、地球の大規模な生物多様性における他の種による何百万年もの間の適応についての知識とを組み合わせてみよう。そうすれば地球のような惑星に人類レベルのエイリアンが存在するという、非常におおざっぱながらも論理的な仮説をたてることができると思う。

ETは基本的に水生ではなく陸生である。人類レベルの知性と文明への生物学的進化の最終段階で、制御された火の使用など携帯しやすい高エネルギー源を利用し、最初の段階を超える技術を発達させたはずだ。

ETは比較的大型の動物である。地球の最も知的な動物――知性の高い順に、旧世界ザル、ゾウ、ブタ、犬――から判断すれば、地球と同じくらいの質量の惑星に住むETは、体重一〇キログラムから一〇〇キログラムの祖先から進化したと推定される。それ以下では脳の平均容量が小さく、記憶容量および知性も低くなる。賢くなれるだけの神経組織を持つことができるのは大型動物のみだ。

ETは生物学的に視聴覚型である。ETも人類と同様に進んだ技術のおかげで、電磁スペクトラムの幅広い帯域でさまざまな周波数を使って情報をやりとりできる。ただし普段考えたり仲間同士で話したりするときは、私たちと同じように、スペクトルの狭い範囲を使って物を見、気圧の波が生む音に耳を澄ます。視覚も聴覚も迅速なコミュニケーションに欠かせない。ETは裸眼でチョウのような紫外線の世界、あるいは他の、人類には捉えられない周波数帯の、まだ名もない原色を捉えられる可能性もある。彼らの聴覚コミュニケーションについては人類がすぐ認識できる可能性もあるが、波長がキリギリスなど多くの昆虫のように高すぎたり、逆にゾウのように低すぎたりする可能性も十分ある。ETを支える微生物の世界や、おそらく動物界のほとんどでは、多くのコミュニケーションはフェロモンによって行われる。フェロモンとは分泌される化学物質で、嗅覚と味覚で意味を伝える。しかしETは人類と同じでフェロモンによるコミュニケーションが得意ではない。においの出し方を調節して複雑なメッセージを送ることは理屈のうえでは可能だが、言語を生み出すのに必要な頻度と規模の調節ができるのは、ほんの数ミリメートルの範囲にかぎられる。

最後に、ETは表情や身振りを読みとることができるだろうか。もちろん、できる。ではテレパシーはどうか。それについては、精巧な神経生物学的技術を使うのでもなければ、残念ながら可能とは思えない。

ETの頭部は際立って大きく、正面向きについている。地球の陸生動物はすべて体がある程度細長く伸び、ほとんどが左右対称になっている。どの動物も主要な感覚器官は頭部にあり、迅速なスキャンと統合と行動に適している。それはETも同じだ。頭部が体の割に大きく、必然的に巨大な記憶装置を収容する特別なスペースがある。

あごと歯の強さは弱から中程度。地球では強い下あごと大きな臼歯は硬い草木ばかり食べているしるしだ。牙と角はどちらも捕食者に対する防御もしくは同じ種のオス同士の競争のいずれか、またはその両方を意味する。人類レベルの知性へと進化する途上で、エイリアンの祖先が暴力と闘争ではなく協力と戦略に頼ったのはほぼ間違いない。人類と同じように雑食性だった可能性も高い。肉食と菜食を織り交ぜた幅広く高エネルギーの食生活のみが、進化の最終段階に必要な比較的大規模な個体数を生み出せる。人類の場合、そうした最終段階は新石器革命につきものの農耕や村落などと共に生じた。

ETは非常に高い社会的知性を備えている。すべての社会性昆虫（アリ、ハナバチ、狩りバチ、シロアリ）とほとんどの知的哺乳類は集団生活を送り、メンバー同士が継続的かつ同時に競合し協力し合う。複雑で急速に移り変わる社会的ネットワークに適応する能力は、集団にも集団内の個々のメンバーにも進化上有利に働く。

ETは腕や脚など少数の自由に動く付属肢を持ち、関節部分を構成する硬い内骨格または外骨格をてこのように使って最大限の力を生み（ヒトの肘や膝のように）、少なくとも一対の先端に指があって、柔らかな指先で繊細に触れたり、ものをつかんだりできる。地球では最初の総鰭類《そうきるい》★が約四億年前に陸に上がって以来、その子孫はカエルやトカゲから鳥類や哺乳類まで、みんな四本脚だ。さらにとくに成功して数の多い陸生の無脊椎動物は六本脚の昆虫と八本脚のクモである。付属肢の数が少ないほうが明らかにいいわけだ。チン

★ シーラカンスなど鱗が丸く、鰭《ひれ》が葉状の魚。

パンジーとヒトだけが道具を発明し、その本質も向かう先も文化によってさまざまなだけに、なおさらそうだ。それというのも柔らかい指先のおかげで融通が利くためだ。くちばしや鉤爪《かぎづめ》や翅《はね》で築かれる文明というのは想像しづらい。

ETは道徳的である。集団のメンバー間のある程度の自己犠牲に基づく協力は、地球における社会性の高い種では通例だ。個体レベルと集団レベルの両方、とくに前者で、自然選択から生じてきた。ETにも同様の生まれながらに道徳的な傾向があるだろうか。人類が生物多様性を保持するうえで（完璧ではないものの）してきたように、そうした道徳的な態度で、他の生命体にも接するだろうか。ETの初期の進化の原動力が人類の場合と似ていれば（その可能性はありそうだ）、きっとETも本能に基づく道徳規範を持っているはずだ。

お気づきかもしれないが、私はここまでETを文明の始まりに立ったばかりの状態として思い描こうとしてきた。いってみれば新石器時代の人類の像を描くようなものだ。続く一万年の間に、人類は文化的進化によって、散在する村落で芽生えかけた文明から、今日のテクノサイエンス的なグローバルコミュニティーへの道を徐々に進んだ。まったく偶然に、ETの文明も同様の飛躍を一〇〇〇年前ではなく何百万年も前に成し遂げた可能性はある。その場合は、人類がすでに手にしているのと同じか、ひょっとしたら人類をはるかに上回る知的能力を持ち、自らの生態を変えるべく、とうに自分たちの遺伝子コードを操作しているだろうか。個別の記憶容量を拡大し、古い感情を消して新しい感情を発達させ、科学と芸術に無限の新たな創造性をもたらしただろうか。

私はそうは思わない。人類にしても病の原因となる変異遺伝子を修正する以外、遺伝子操作はしないはずだ。ヒトの脳と感覚系を改良するのは人類という種の存続に必要ではなく、少なくとも、ある基本的な意味で自殺行為だと私は思う。人類はほんの数回キーを打つだけで文化的知識をすべて入手できるようにし、人間の思考と作業を上回ることのできるロボットをつくってきた。どちらもすでにかなり進行している状況で、人類には何が残るだろうか。答えはただひとつ。人類ならではの厄介で矛盾し内面の葛藤を伴う、どこまでも創造的な人間の心をこのまま持ち続けることを、私たちは選ぶはずだ。それこそが真の天地創造、人類が気づきもしないか意味もわからないうちから、活版印刷や宇宙旅行よりも早く、人類に与えられた贈り物である。人類は自らのありようを変えることには慎重で、新たな脳をつくり出して自分たちの古い頭脳の、間違いなく弱く不安定な夢に、上書きしたり補完したりする道は選ばないはずだ。賢いETがどこにいるにせよ、彼らも同じ判断を下しているだろうと思えばほっとする。

最後に、ETが地球の存在を知ったら、植民地にしようとするだろうか。理屈のうえでは可能に思え、過去何百万、何千万、何億年もの間、彼らの多くがいつ考えたとしてもおかしくない。仮に、征服者となるETの種が、地球の古生代以降に私たちの銀河の近くに出現していると考えてみよう。彼らも人類同様、最初から勢力の及ぶ範囲にある居住可能な世界すべてを侵略したくてうずうずしていた。宇宙を生活圏にしたいという衝動が芽生えたのが一億年前、そのころにはすでに彼らの銀河は年老いていたとする。同時に、(もっともながら)故郷の惑星を出発してから最初の居住可能な惑星に到着するまで一万年、そこから完璧な技術を駆使して、宇宙船隊を派遣し、さらに一〇の惑星を占領するのにさらに一万年かかったとしよう。こうして指数関数的な拡大を続けていれば、覇権を握るETたちはとうに銀河のほとんどを植民地にしているだろう。

現実には銀河系の征服は起きていない。始まってすらいない。したがって、私たちの小さな惑星はこれまでもこれからも植民地化されることはない。それはなぜか、説得力のある理由をふたつ挙げよう。地球に対するロボット探査が実施された可能性や、遠い将来に実施される可能性はごくわずかながらあるが、その場合でも、探査機を生み出した生物は同行しないはずだ。すべてのETは致命的な弱点を抱えている。彼らの体内にもほぼ間違いなくマイクロバイオームが存在する点だ。つまり私たちの体が日々存在するために必要とする微生物と同じような共生微生物の生態系が彼らの体内にも存在する。地球外の植民地主義者は食糧を確保するために、穀物や藻類に当たる生物など、エネルギーを集める生物、最低でも合成生物を携帯する必要にも迫られるだろう。ETは地球のあらゆる動物、植物、菌類、微生物が自分にとっても共生物にとっても命取りになる可能性があることを、ちゃんと想定しているはずだ。それというのも、私たちと彼らとでは生物界の起源も分子構造も、生命を生み、植民地化によって統合されるまでの進化の果てしない道のりも、大きく異なっているためだ。エイリアンの世界の生態系と種は地球のそれとはまったく相容れないだろう。

その結果、生物学的な脱線事故が起きる。最初に命を落とすのは地球外からやってきた入植者たちだ。原住民、つまり人類と人類が見事に適応している地球の動植物への影響は、短期間かつ非常に局所的なものにかぎられるだろう。ふたつの世界の衝突は、オーストラリアとアフリカ、あるいは北米と南米で進行している植物と動物の種の交流のようなわけにはいかないはずだ。確かに、人類が引き起こしたそうした大陸間の交わりは近年、もともとの生態系に相当なダメージを与えている。入植者の多くは、とくに人間が荒らした生息地に外来種として居座る。在来種を絶滅に追いやるケースも少数だがある。しかし、惑星間の入植者を待ち受ける不運な生物学的不適合の深刻さはその比ではない。生息可能な惑星を植民地化するには、ＥＴはまずその惑星の生物を微生物にいたるまで根絶やしにしなければならない。それならどのみち、あと数十億年、自分の惑星にとどまるほうがましというものだ。

そう考えれば、私たちの壊れやすい小さな惑星が地球外生命体を恐れる必要がないのはなぜか、もうひとつの理由が浮かぶ。宇宙探査ができるほど聡明なＥＴなら、間違いなく、生物学的植民地化につきものの野蛮さと致命的なリスクについても理解しているはずだ。絶滅を回避するため、あるいは自分たちの惑星の耐えがたいほど過酷な条件を変えるためには、自分たちの恒星系の外に旅立つはるか以前に、持続可能性と安定した政治体制を確立しなければならないと、人類と違って彼らは気づくだろう。生命を宿したほかの惑星の探査に――ロボットを使うという非常に賢明な方法で――乗り出しているにせよ、侵略が目的ではないはずだ。自分たちの惑星が今にも滅びるというのでもないかぎり、ほかの惑星を侵略する必要などない。よその恒星系に旅ができるくらいのＥＴであれば、惑星を滅ぼさないだけの能力も身につけているだろう。

現在、宇宙開発推進派のなかには、地球を利用し尽くしたら人類は別の惑星に移動すればいい、と考えている人々もいる。そういう人たちは人類にとってもすべてのETにとっても普遍の法則だと私が思っているものにしたがうべきだ。生息可能な惑星はひとつしかなく、種の滅亡を避けるチャンスも一度しかない。

第11章 生物多様性の崩壊

地球の生物多様性はいわば逆説にくるまれたジレンマだ。逆説とは、人類が絶滅させる種の数が増えるほど、科学者が発見する新種も増える、というもの。しかし人類は、インカ帝国の黄金を溶かしたスペインの征服者たち同様、壮大な財宝が底を突くときがじきに来ることに気づいている。そこでジレンマが生まれる。未来の世代のために破壊をやめるべきか、それとも逆に目先のニーズに応じてこの惑星を変え続けるべきか。後者であれば、地球という惑星は無謀にも後戻りできない歴史の新時代に突入することになる。一部の人たちがいうところの人新世、人類中心でそれ以外の生物は従属物のように扱われる時代だ。私はむしろこの悲惨な未来を孤新世、孤独な時代と呼びたい。

科学者は生物多様性（ここでは人類以外のすべての生物という意味で使っている）を三

段階に分けている。一番上が草地や湖や珊瑚礁などの生態系だ。次がそれぞれの生態系を構成する種。一番下がそれぞれの種の特徴的な形質を決める遺伝子だ。

生物多様性の尺度として都合がいいのは種の数だ。一七五八年にカール・リンネが現在も使われている正式な分類法を創始したとき、世界中で認められた種は二万種。リンネは学生や協力者と共に世界の動植物のほとんどかすべてを網羅できると考えていた。それが二〇〇九年には、オーストラリア生物資源調査グループによれば、一九〇万種に増加。それでもリンネ式分類法の旅は始まったばかりだ。自然界に存在する生物の実際の数は、まだおおよその規模すらつかめていない。未発見の無脊椎動物、菌類、微生物を加えれば、推定五〇〇万種から一億種と大きな幅がある。

端的にいえば、地球という惑星については少ししかわかっていない。生物多様性のマッピングもゆっくりとしか進んでいない。いたるところで研究室にも博物館にも新種があふれているのに、診断と命名のペースは年間およそ二万種にとどまっている（私がこれまでに紹介した世界各地のアリの新種は約四五〇種に上る）。このペースでいけば、未分類の種が五〇〇万種という低いほうの見積もりでも、すべての分類を終えるのは二三世紀半ばになるだろう。生物学にとっては不面目このうえない遅々としたペースだ。問題の根底には、分類学は生物学においてはすでに完成された過去のものという誤解がある。その結果、いまだに決定的に重要なこの学問が学界から大部分締め出され、自然史博物館に追いやられており、そうした博物館自体も経営難で研究計画の削減を強いられている。

生物多様性研究の理解者は財界や医学界にはほとんどいない。これは重大な過ちだ。科学全体の損失につながる。分類学者の役割は種の命名だけにとどまらない。専門とする生物にかけてはエキスパートであり主要な研究者でもある。世界中に生息している線虫やダニや昆虫やクモやカイアシ類や藻類や草、人類が最終的に命を託す合成物など、人類以外の生物についてわかっていることのほとんどは、彼らに教えを乞う必要がある。

ある生態系の動物相や植物相も単なる種の集合にとどまらない。複雑な相互作用システムでもあり、ある条件下でいずれかの種が絶滅すれば、生態系全体に深刻な影響を及ぼしかねない。どんな生態系であれ、人類の圧力にさらされても無限に持続可能にするには、その生態系を構成するすべての種（何千種以上ということも珍しくない）を知らなければならない、というのが環境科学の不都合な真実だ。分類学から得られる知識とそれに基づく生物学研究は、解剖学と生理学が医学にとって必要なように、生態学にとって必須である。

さもなければ、科学者はどれが「キーストーン」種（個体数は少ないが、その種が属する生態系の維持に重要な役割を果たしている種）であるかについて、判断を誤ってしまうだろう。キーストーン種として世界で最も可能性が高そうなのはラッコかもしれない。イタチ科の動物で大きさはネコくらい、アラスカ州からカリフォルニア州南部の沿岸部に生息している。豪華な毛皮が珍重されたために、一九世紀末にはラッコは乱獲によって絶滅寸前に追い込まれ、それが生態系にも壊滅的な影響を及ぼしていた。海藻のケルプが海底から海面まで生い茂るケルプの森は、浅い海に生息するおびただしい数の種のすみかであり、より深いところに生息する種をはぐくむオアシスの役目も果たしていたが、やはりほとんど姿を消した。ラッコはウニを大量に食べ、ウニはケルプを大量に食べる。ラッコがいなくなってウニが爆発的に増加し、海底の大部分がウニに食い荒らされて砂漠のような不毛地帯と化した。ラッコが保護されて再び生息数が増えるとウニが減り、ケルプの森が復活した。

人類が地球に生息している種の大部分を知りもしないのであれば、どうしてそうした種を気にかけられるというのか。保全生物学においても、多くの種が発見される前に絶滅しかけていると考えられている。純粋に経済的に見ても、種が絶滅する道を選んだ場合、絶滅しなければ得られたはずの計り知れないメリットが失われることになる。ほんの少数の野生種の調査が、人生の質に大きな進歩（豊富な医薬品、新たなバイオテクノロジー、農業の進歩）をもたらしてきた。適切な種類の菌類がなかったら抗生物質は生まれていないだろう。食べられる茎や果実や種子を選択育種できる野生植物がなかったら、都市も文明も存在してないはずだ。オオカミがいなかったら犬は生まれていない。ヤケイがいなかったらニワトリは生まれていない。馬とラクダ科の動物がいなかったら、陸地では人力車に乗るかリュックサックを背負って旅するしかなかったはずだ。水をゆっくりと濾過する森がなかったら、農業は生産量の低い乾地農業以外にはなかっただろう。野生植物と植物プランクトンがなかったら、呼吸できるだけの空気は生まれない。自然が存在しなければ、結局、人間は存在しない。

人類が生物多様性に及ぼす影響は、ひとことでいえば自分自身への攻撃だ。破壊する生命のバイオマス自体の大きさを燃料として、見境なく進んでいくかのような行為だ。破壊の要因はそれぞれの頭文字をとってＨＩＰＰＯと呼ばれており、世界のほとんどの地域で重要性の高い順に並んでいる。

Ｈ＝Habitat loss（生息地の破壊）。破壊要因の筆頭格で、森林破壊、緑地の転用、人類のあらゆる行き過ぎが生み出した気候変動という魔物による生息可能域の減少と定義される。

I = Invasive species（外来種）。人間と環境のいずれか、または両方に打撃を与えるよそ者で、地球規模の大破壊を引き起こす。統計のある国別の種類と数は指数関数的に増加している。検疫技術が向上しているにもかかわらず、外来種の流入ペースは増している。南フロリダでは現在、以前は何も存在しなかった（今は絶滅したカロライナインコを除いて）ところにオウムのさまざまな動物相があり、食物網の頂点で、アジア原産とアフリカ原産のニシキヘビ合計二種が、アメリカ原産のワニと張り合っている。

ハワイはアメリカにおける絶滅の中心地で、固有の植物、鳥、昆虫――ハワイ以外では見られない種や亜種――が他のどの州よりもはるかに多く姿を消している。鳥の固有種は一〇〇〇年以上前に最初のポリネシア人が上陸したときに存在していたと思われる七一種から、現在は四二種に減少。鳥たちは二重の打撃を受けてきた。一九世紀に偶然入り込んだ蚊は鳥痘《ちょうとう》を蔓延させた。高地の森林土壌をイノシシが餌を探して掘り返し、糞と泥だらけにしたあと、そこに水たまりができて蚊の幼虫であるボウフラの温床になった。

グローバルな規模で致命的な打撃を与えているのが、カエルに寄生するカエルツボカビがアメリカとアフリカの熱帯地方に持ち込まれていることで、人間もその片棒を担いでいる。感染したカエルの入った水槽でカエルツボカビが移動しているのは間違いない。カエルツボカビは宿主であるカエルの皮膚全体に広がり、カエルは皮膚呼吸ができなくなって窒息する。数多くの種が絶滅したか絶滅の危機に瀕している。

これだけでは足りないとでもいわんばかりに、生態系を丸ごと破壊しかねない外来種まで存在する。その一例がオオバノボタン（*Miconia calvescens*）、アメリカの熱帯地方の美しい小さな木で、装飾用に世界各地で広く栽培されている。だが、ポリネシア諸島では脅威になりうることもわかっており、放っておけば成長しきって密集し、他種の植物や動物のほとんどは生息できなくなりかねない。

第一のP＝Pollution（汚染）。汚染によるダメージを受けているのはほとんどが魚など淡水生の生物だ。しかし海水についても、上流の農耕地から汚染された水が流れ込んで、低酸素か無酸素の「デッド・ゾーン」が四〇〇か所以上生まれている。

第二のP＝Population growth（人口増加）。人口増加は実際、他のすべての要因の触媒の働きをする。人口の伸びは今世紀末にピークに達する見込みだが、問題は人口増加そのものよりも、むしろ世界的な経済発展に伴って人口一人当たりの消費が急速に伸び続けている点だ。

O＝Overharvesting（乱獲）。乱獲の最も顕著な例はマグロやメカジキといった各種遠海魚漁獲高の減少で、一八五〇年代から現在まで世界全体で九六パーセントから九九パーセント減少している。これらの種は数が減っているだけでなく、捕獲される個体の大きさも小さくなっている。

生物多様性のマッピングと保護の熱心な取り組みが世界的に行われているのはいうまでもない。新たな技術はより迅速かつ正確に新種を発見し、命名済みの種を特定する一助となっている。なかでも特筆すべきはバーコード化で、とくに変異性の高いＤＮＡの短い領域で種を特定する。コンサベーション・インターナショナル、ＷＷＦ（世界自然保護基金）アメリカ支部、ＩＵＣＮ（国際自然保護連合）といった世界的な自然保護機関が、多くの国の政府や民間組織と共に、生物多様性の激減を食い止めるべく、手を尽くしている。

こうした取り組みはどの程度効果を上げているのか。二〇一〇年、世界各地の一五五の研究機関から集まった専門家チームが、ＩＵＣＮの絶滅危惧種リストに掲載された脊椎動物（哺乳類、鳥類、爬虫類、両生類、魚類）二万五七八〇種の状況を評価した。分類基準は「安全」から「絶滅寸前」まで。その結果、すべての種の五分の一が絶滅のリスクに直面しており、毎年平均五二種が絶滅に一歩近づいていることがわかった。絶滅率は人類が世界に拡散する以前の一〇〇倍から一〇〇〇倍で推移している。**試算によれば、二〇一〇年以前に行われた保全の取り組みによって、悪化のペースは何も手を打たなかった場合に比べて少なくとも二割緩和された。**これは大きな進歩だが、それでも地球の生息環境を安定させるにはほど遠い。致命的な感染症が世界的に流行しているときに、（資金不足の）医療が最善を尽くした結果、死亡率は約八〇パーセントに抑えられたと聞いたら、どう思うだろうか。

これから今世紀末まで、私たちの前途には、人類が環境に及ぼす影響の増大と生物多様性の減少という難関が待ち受けているだろう。人類は自分たちはもとより、他の生物もできるかぎり多く引き連れてその難関をくぐり抜け、エデンの園のごとく持続可能なありようを実現する責任を一身に負っている。私たちの選択は非常に道徳的なものになるはずだ。その選択を実現できるかどうかは、人類がまだ手にしていない知識と、まだ感じていない良識にかかっている。すべての種のなかで私たち人類だけが生物界の現実を捉え、自然の美しさを目にし、個を重んじてきた。人類だけが仲間同士の思いやりを大事にしてきた。今度はその思いやりを、私たちを生み出した生物界にも広げてはどうだろうか。

Ⅳ 心の偶像

人間の知性の弱点をフランシス・ベーコンが指摘したことは最初の啓蒙主義の主要な功績のひとつである。現在は、それを科学的説明によって定義し直すことが可能だ。

第12章 本能

フランスの小説家ジャン・ブリュレル（ペンネームはヴェルコール）は一九五二年に小説『人獣裁判』（白水社刊）でいみじくも次のように断言した。「人間の厄介ごとはことごとく、私たちが人間とは何かを知らず、何でありたいと望んでいるかをめぐって意見が分かれるという事実から生じてきた」

このあたりで旅の振り出しに戻り、生物学概論の助けを借りて、人間の存在がなぜ大いなる謎なのか、解明を試み、解明しうる方法を探ってみようではないか。

人間の心は、純粋な理性もしくは感情の実現に向かっての前進として、外から導かれて進化したのではない。今も昔も変わらず、理性と感情の両方を利用する、生き延びるための手段であり、大小のステップの迷宮から、何百万にひとつの可能性を次々と選びとっていった末に、現在のようなものとして出現した。迷宮のステップのひとつひとつは、脳と感覚系の形態と機能を決定する遺伝子のいくつかのタイプに偶然生じた変異とそれに対する自然選択の結果だった。絶え間ない変化の過程の偶然によって、ゲノムは現在のレベルに到達した。それぞれの段階で進化中のゲノムが簡単に別の進路をとった可能性はあり、その場合、脳と感覚器はまた別の特殊化を果たしていただろう。最終的に人間のレベルに達する可能性は、ステップを追うごとに急激に低下してきた。

私たちが人間の本性と呼ぶ、この理性と感情の特定の複合体は、考えうる多くの結果のひとつにすぎず、人類レベルの能力を備えた脳と感覚系を実現しうる多くの種類のうち、最初に自律的に到達した産物だった。

そういうわけで、人間の種としての自己イメージは、根深い偏見と誤解という、四世紀前にフランシス・ベーコンが迷信とまやかしの「偶像（イドラ）」と呼んだものによって、常にゆがめられてきた。文化的偶然ではなく、偉大な哲学者の言葉を借りれば「精神の大まかな本質」によって、私たちに押しつけられてきたのだ。

それは昔からずっと変わっていない。いつの時代も混乱に満ちていた。たとえば一九七〇年代になっても、社会科学者は主として人文科学志向だった。彼らの間では人間の行動はおもに、もしくは完全に、生物学的なものからではなく、文化的なものから発生したという見解が優勢を占めていた。本能や人間の本性などというものは存在しない、との極端な意見もあった。それが二〇世紀末には一転して生物学指向になった。現在は、人間の行動には強力な遺伝的要素があると広く考えられている。どの程度深く強力かはいまだに議論の渦中にあるものの、本能と人間の本性は現実に存在する、と。

結局のところ、いずれの見方も少なくとも極端な議論においては正誤半々だ。そこから生じる矛盾は、往々にしていわゆる「生まれか育ちか」の議論に表されているが、人間の本能についての現代の概念を用いれば、以下のように解決できる。

人間の本能は基本的には動物の本能と同じだ。しかし、ほとんどの動物の種で見られるような、遺伝学的に不変の行動ではない。動物の本能の典型的な例が、北半球各地の淡水や海水に生息するイトヨという魚のオスが縄張りを守る行動だ。繁殖期になるとオスの個体は小さな縄張りを見張って、ほかのオスを寄せつけない。同時に腹部が鮮やかな赤になる。腹の赤い他の魚を見ればことごとく攻撃するが、それはつまり、縄張りに侵入するライバルのオスである。じつは、これは「他の魚」であることよりずっと単純なものに対する反応だ。オスが行動を起こすのに、本物の魚の姿を認識する必要はない。イトヨの小さな脳は赤い腹だけに反応するようプログラムされている。木片を楕円形などの、魚には見えない形に切って赤い斑点を描いたものを使って実験したところ、オスは本物の魚に対してと同じように攻撃した。

私は昔、アノールトカゲの縄張りを守るためのディスプレー（誇示行動）を研究するため、西インド諸島の別の島々で捕獲された個体を研究室で飼っていた。この親指大の爬虫類は樹上や低木の上に数多く生息し、昆虫やクモなど小さな無脊椎動物を餌にする。オスの成体は胸垂と呼ばれる下あごの皮膚を広げてライバルを威嚇する。胸垂の色は種によって違い、たいていは赤か黄色か白で、同じ種のオス同士はその色だけに反応する。縄張りを守るための胸垂による威嚇をさせるには、オスは一匹いれば十分だった。飼育箱の横に鏡を置くだけでよかったのだ。そうすればなかにいるオスは、鏡に映る自分に向かって威嚇した（結果は毎回引き分けだった）。

ウミガメの子供は母ガメが砂浜に掘った穴に産みつけた卵から孵化する。母ガメは産卵のためだけに海から揚がってくる。孵化した子ガメは自力で砂をかき分けて外に出て、すぐさま這って海に向かい、海のなかで一生過ごすことになる。ただし、生まれたばかりの子ガメを引きつけるのは、海辺の何か特徴的な光景やにおいではない。水面に反射する明るい光だ。実験で、さらに明るい光を近くで点灯したところ、海とは逆方向でも子ガメはその光を追いかけた。

人間など大きな脳を持つ哺乳類も、先天的な鍵刺激と本能に誘導されるとはいえ、こうした下等動物の頑なさ、単純さからはかけはなれている。とくに人間は心理学でいう学習の準備性*に支配されている。先天的なのは、多くの可能な選択肢のなかから、ひとつ、もしくは少数の行動を学習しやすくなっていることだ。バイアスのかかった行動のうち最も強力なものは、あらゆる文化で共有されている。たとえ非合理に思え、ほかの選択をするチャンスがいくらでもある場合でさえもそうだ。

私は軽いクモ恐怖症だ。ときどきクモの巣にぶら下がっている大きなクモに触ろうとするが、できない。噛まれる心配はないと承知していて、さらに万が一、噛まれても毒はないとわかっていても、駄目だ。この根拠のない恐怖心に駆られるようになったのは、八歳のときに、コガネグモ科の大型種で円形網を張るオニグモの急な動きに肝をつぶしてからだ。巣の中央に不気味な静けさでぶら下がっている怪物（当時の私にはそう見えた）を

＊　環境に適応するために、ある学習が先天的にどの程度獲得されやすいかということ。たとえば、ヘビやクモといった進化史上人間にとって危険な対象に対して、人は恐怖反応を学習しやすい。

じっくり見ようと近づいた瞬間、そいつがいきなり動いたものだから、ぎょっとしてしまった。今はそいつの学術名を知っており、生態についても多くを知っている——長いことハーバード大学の比較動物学博物館で昆虫学の学芸員をしていたのだから当然だ。それでも巣にぶら下がっている大きなクモには絶対に触らない——いや、触れることができない。

こんなふうに何かを毛嫌いする状態は、重症化して本格的な恐怖症に発展するケースもあり、特徴的な症状はパニック、吐き気、恐怖の対象について理性的に考えることさえできないなどだ。大したことのない、やみくもな嫌悪感について告白したついでに、私が抱えている唯一の本物の恐怖症も認めよう。考えられるいかなる状況でも、腕を力ずくで固定され、顔を覆われるのはまっぴらごめんだ。こうなったきっかけはしっかり覚えている。クモの一件と同じ八歳のとき、目の手術を受けて恐ろしい思いをした。一九世紀のやり方で麻酔をかけられた——何の説明もなく、というか思い出せるものはなく、手術台に仰向けに寝かせられて、両腕を押さえつけられ、顔に布をかけられ、そこにエーテルを垂らされた。私は叫びながら抵抗した。心の奥の何かが叫んでいたはずだ——こんな目に遭うのは二度とごめんだ！　と。以来ずっと恐怖症の白昼夢という「試練」に悩まされている。空想の強盗に銃を突きつけられ、両腕を縛って覆面させるぞと告げられる。それを聞いた私は、きっと現実にそんなことが起きてもやはり同じだと思うが、こう答えるのだ。「そんなことをされてたまるか。構わないから私を撃つがいい」。縛り上げられて覆面をされるくらいなら、死んだほうがましだ。

恐怖症をなくすには長い時間と数多くの療法を要する。だが私を含めて多くの人が身をもって知っているとおり、恐怖症になるきっかけはたった一度の出来事という場合もありうる。たとえば、突如として地面に身をくねらせる何かが現れるだけで、ヘビ恐怖症になる人もいる。

こうした過剰学習にどんなメリットがあるのか。カギを握るのは恐怖症の対象そのもので、その大部分はクモ、ヘビ、オオカミ、流水、閉め切った場所、見知らぬ人々の集団などだ。いずれも先行人類や狩猟採集生活を送っていた初期の人類を何百万年にもわたって苦しめた苦難の一部だった。私たちの遠い祖先は狩りの最中にたびたび負傷や死の危険に直面した。峡谷のへりに近づきすぎたり、うっかり毒ヘビを踏みつけてしまったり、敵の部族の急襲団に出くわしたり。そういう時代を無事に生き抜くには、素早く学習し、その体験を長く鮮明に記憶し、理屈抜きで迷わず行動するのが一番だった。

一方、現在の主要な死因は、自動車、ナイフ、銃、食塩や砂糖の摂りすぎなどだ。にもかかわらず、これらを避ける本能はまだ進化していない。それは、進化の過程でそうした本能を脳にしっかり組み込むだけの時間がなかったせいかもしれない。

恐怖症は極端なケースだが、学習の準備性によって獲得する行動はすべて、人類の進化の過程で重要な変化を促進し、人間の本能に組み込まれている。にもかかわらず、そのほとんどが文化によっても世代から世代へと伝えられる。人間の社会的行動はすべて学習の準備性に基づいているが、偏り具合は自然選択による進化の産物なのでケースバイケースだ。たとえば人間は生まれつきゴシップ好きだ。他人の身の上話が大好きで、飽きもせず根ほり葉ほり聞きたがる。ゴシップをとおして人間関係を構築する。むさぼるように小説を読み、ドラマを見る。だが人間の話と何らかのつながりがないかぎり、動物の身の上話にはほとんど興味がないか、まったく興味がない。犬は家族思いで我が家に帰りたがり、フクロウは物思いにふけり、ヘビはこっそり忍び寄り、ワシは大空を自由に飛び回るスリルを味わう。

人間は生まれながらの音楽好きでもある。幼い子供でもすぐに音楽に興奮し歓喜する。

一方、微分積分については、たとえ興奮を覚えるとしても（まして歓喜を覚えるとなると）、そうなるまでには時間がかかり、はるかにあとだ。音楽は初期の人間にとって社会を結束させ、メンバーの士気を高める役目をしたが、微分積分の場合はそんなためしがなかった。初期の人類は複雑な微分積分をこなすだけの知力はあっても、それを愛する能力は持ち合わせていなかった。本能的な愛に対するニーズを生み出せるのは、自然選択による進化だけだ。

自然選択の推進力は世界各地の社会で文化的進化の収斂を指揮してきた。一九四五年の人間関係地域情報システム「ＨＲＡＦ」（フラーフ、Human Relation Area Files の略）は人間の文化を統合した古典で、六七の普遍的特性を挙げた。たとえば、運動競技、身体装飾、装飾芸術、礼儀作法、家族の宴、民間伝承、弔いの儀式、髪型、近親相姦のタブー、相続規則、ジョーク、超自然の存在をなだめる供物などだ（以上、適当に抜粋）。

私たちが人間の本性と呼ぶものは、人間のあらゆる感情とそうした感情がつかさどる学習の準備度だ。一部の著述家は、人間の本性を存在しないところまで解体しようとしてきた。しかし人間の本性は現実に存在し、具体的で、脳の構造のなかに存在するプロセスだ。数十年に及ぶ研究で明らかになったように、人間の本性というのは感情と学習の準備度を決める遺伝子ではない。文化的な普遍性は人間の本性ではなく、その最終産物だ。人間の本性は、文化進化を一方向に偏向させ、ひとりひとりの脳のなかで遺伝子を文化と結びつけるようにさせる知的発達を起こす遺伝的規則性の集合体である。

その結果生じる、より影響の大きい学習における遺伝的バイアスには、居住地の選択、すなわち人々がどこに住みたがるかがある。大人が惹かれるのは自分が育ち、とくに人格形成に影響を与える体験をした環境に似ている環境だ。山や海岸や平野、場合によっては砂漠でさえ、何よりも親近感と安らぎを覚える居住地になる。私自身は成人するまでのほとんどの時期をメキシコ湾の近くで過ごしたので、平坦な低地で海に向かってなだらかな下り坂になっている場所が一番好きだ。

しかしこうした全景のなかの、より細かい部分において、かつ、まだ文化に適応しきっていない子供の場合は、異なる研究結果が出ている。文化的背景の大きく異なる数か国から協力者を募り、さまざまな居住地の写真を見せて、住むとしたらどこがいいかを評価させた。選択肢は深い森から砂漠、その中間など、さまざまだった。人気の高かった場所には三つの要素があった。地の利として理想的なのは高台で、木や林が点在する草原、そして小川、沼、湖、海などとにかく水に近いことだ。

この原型は偶然にも、先行人類と初期の人間の祖先が数百万年の間に進化を遂げたアフリカのサバンナに近い。種が持っている環境に対する好みが学習の準備性の名残だという可能性はあるだろうか。「アフリカのサバンナ仮説」といわれるものは、何の根拠もない憶測などではない。最も小さい昆虫からゾウやライオンまで、移動できる動物の種はすべて、自分たちが持っている他のすべての生物学的特質が最もよく適応している生息地を本能的に選ぶ。さもないと繁殖のパートナーや餌を探すのに苦労し、なじみのない寄生虫や捕食者を回避しにくくなるだろう。

現在、世界各地で農村部から都市部への人口集中が起きている。運がよければ、都市部に移った結果、市場や学校や医療施設を利用しやすくなって生活はよくなる。自分や家族を養うチャンスも拡大する。しかし、ほかの条件がすべて同じで、自由に選べるとしたら、居住地として本当に都市や郊外を選ぶだろうか。非常にダイナミックな都市の生態系とそこで強いられる人工的な環境を見ると、一概にはどちらともいえない。まったく自由に選べるとしたら、人は実際に何を好み、手に入れるのか。それを知るには、大金持ちに目を向けたほうがいい。景観設計家や高級不動産業者にいわせれば、富裕層が好む居住地は水辺にある公園を見下ろす高台だ。どれをとっても実際的な価値はないが、十分な財力がある人々は金に糸目をつけずにそうした住まいを手に入れる。

数年前、私は著名で裕福な友人宅での夕食に招かれた。たまたまその友人は、脳はまっさらな石板で、本能に邪魔されることはない、と信じて疑わない人だった。彼の住まいはニューヨークのセントラルパークを見下ろすペントハウスだった。テラスに出ると、その外縁には小さな植木鉢が並んでいた。テラスから見下ろせば、遠くにセントラルパーク中心部の青々とした芝生と、ふたつある人工湖のひとつが見えた。素晴らしい眺めだという点では友人も私も異論はなかった。なぜ素晴らしいと感じるのかについては、ご招待にあずかった身なので、うんちくを傾けたい気持ちをぐっとこらえたけれど。

第13章 宗教

歓喜とは「途方もなく甘美な喜び」だと、スペインの偉大な神秘家であるアビラの聖テレサは一五六三年から六五年の日記に綴った。その境地に達する方法は、音楽、宗教、それにアマゾンのアヤワスカといった幻覚剤など、さまざまだ。神経科学者は音楽の至高体験の少なくとも一部が、少なくともひとつの原因によるものだと突き止めた。それは、脳の線条体内部での神経伝達物質ドーパミンの分泌である。それと同じ生化学的報酬系が食べ物とセックスの快感にも影響している。音楽は旧石器時代に始まり——鳥の骨や象牙でできた笛は三万年以上前にさかのぼる——今も世界各地の狩猟採集社会で普遍的に見られることから、音楽好きの傾向が進化によって人間の脳に組み込まれていると結論づけるのは理にかなっている。

狩猟採集社会から文明化した都市社会までほぼすべての社会で、音楽と宗教には密接な関係がある。信心深さについても音楽の場合と同じような神経的、生化学的な橋渡しを決める遺伝子が存在するのだろうか。答えはイエスで、そうした遺伝子の存在を裏づける証拠が、宗教の神経科学という比較的新しい分野で見つかっている。その研究手法には、遺伝的変異の役割を判断する双生児研究、疑似的な宗教体験を生み出す幻覚剤の研究などがある。脳の損傷やその他の異常が信心深さに与える影響に関するデータや、とくに脳のイメージングによって神経で生じている事象を直接追跡するものも使われる。すべてを合わせれば、宗教の神経科学のこれまでの結果は、宗教的本能が実際に存在することを強く示唆している。

もちろん、宗教には生物学的ルーツ以上のものが豊富にある。宗教の歴史は人間そのものの歴史と同じくらい古い。その謎を解明する試みは哲学の中核だ。宗教の最も純粋で一般的な形態は神学によって表現され、その中心的な問いは神の存在と神の人間に対する個人的かかわりだ。非常に信仰心の篤い人々は、この神性に近づき触れる方法を突き止めたがる——カトリック流の文字どおり化体した神の血と肉ではないにせよ、少なくとも神に個人的な導きと恩恵を乞う。ほとんどの人は死後の生も願い、先に逝った人々とあの世で喜びの再会を果たすことも願う。神学的な霊性は、ひとことでいえば、現実と超自然の橋渡しを模索している。この世の死者の魂が永遠の平和のなかで生き続ける神の国を夢見ている。

脳は宗教のために、宗教はヒトの脳のためにあつらえられた。信者の意識ある生活において、信仰は終始いくつもの役割をこなすが、そのほとんどが信者の世話役だ。すべての信者が結束して大家族をつくる。すなわち、比喩的な兄弟姉妹の集団、信頼でき、ひとつの最高法にしたがい、集団の一員であるメリットとして永遠の命を保証されている人々の集団だ。

神はいかなる預言者、高僧、イマーム（イスラム教の導師）、神秘主義の聖者、カルト集団の指導者、大統領、独裁者をも超越する存在である。いわば究極かつ永遠の「アルファ・オス（群れを支配する強いオス）」もしくは「アルファ・メス」なのだ。超自然的存在にして無限の力を備え、人智の及ばぬ奇跡を起こすことができる。先史および有史のほとんどを通じて、人々は周囲で起きるほとんどの出来事を説明するために宗教を必要とした。豪雨や洪水、空に閃《ひらめ》く稲妻、子供の突然の死。いずれも神のなせる業だった。正気を保とうとして人は因果関係を追究し、原因を神に求めた。そして神のやり方は、私たちの人生にとって意味のあるものとはいえ、神秘のベールに包まれている。科学の登場を受けて、自然現象は他の分析可能な現象に関連して起きると理解されるケースが増えており、因果関係の超自然的説明は鳴りを潜めている。それでも宗教と宗教じみたイデオロギーの直感に訴える力は衰えていない。

大宗教が生まれるきっかけは不滅の神を信じる気持ち——もしくは神々を信じる気持ちだ。そうした神々が全能の一族を構成する場合もある。大宗教は文明に対して計り知れない奉仕をしている。聖職者は代々繰り返される生と死のサイクルを通じて通過儀礼に厳粛さを与える。民法と道徳律の基本的教義を神聖化し、病に苦しむ人々を慰め、どうしようもなく貧しい人々の世話をする。彼らが示す手本に触発され、信奉者は人間の目にも神の目にも立派に映るよう奮闘する。聖職者が監督する教会は共同体の暮らしの中枢だ。ほかのすべてが駄目になったとき、地上で神が宿るこうした神聖な場所が、世俗の暮らしの不正や悲劇に対する究極の避難所となる。暴君や戦争や飢餓や最悪の天災を、教会と聖職者がいくらか耐えやすくしている。

その一方で、悲しいことに、大宗教は絶え間ない無用の苦難の原因にもなる。現実の世界におけるほとんどの社会問題を解決するには現実を把握する必要があるが、大宗教はそれを阻む。大宗教のこのうえなく人間的な欠陥が同族意識だ。熱狂的信仰が生まれる際の同族意識の本能的な力は、霊性への切望よりもはるかに強い。宗教的な集団であれ世俗的な集団であれ、人々は集団に帰属することを大いに必要とする。生涯にわたる感情的体験から、人々は幸福には――それどころか、生き延びることそのものに――遺伝的近縁関係、言語、道徳的信条、地理的位置、社会的目的、服装の規定などについて、できればこれらのすべてで、少なくともふたつか三つについては共通している他人との絆が必要だと承知している。善人を悪行に走らせるのは、純粋な宗教の道徳的教義や博愛の思想ではなく、同族意識なのだ。

残念ながら、宗教集団は何よりも創世神話によって自らを定義している。創世神話は人類の誕生を超自然的に説く物語で、やはり同族主義の中核をなす。これらの物語はどんなに穏やかで高尚であろうと、どんなに巧妙に説明されていようと、その集団のメンバーに自分たちは誰よりも神に愛されていると思い込ませる。他の宗教の信者は間違った神々を崇め、間違った儀式を行い、間違った預言者にしたがい、でっち上げられた創世神話を信じている、と説く。既成宗教は定義上、仲間内で自己満足は与えるが残酷な差別を実行せざるをえず、それを回避する道はない。イマームが信者にローマ・カトリックをためしてはどうかと勧めたり、逆にカトリックの司祭がイスラム教をためしてはどうかと勧めた例があるとは思えない。

特定の創世神話とその神話の賜物である奇跡の物語を受け入れることは、信仰と呼ばれる。信仰は生物学的には生存と繁殖向上のための進化の仕組みと理解することができる。信仰は部族の成功によって強固になり、部族は他の部族と競争する際に信仰によって結束し、同じ部族のなかで信仰を巧みに利用して仲間の支持を獲得できる人にとっては、信仰はその人の成功のカギとなりうる。この強力な社会的慣習を生んだ終わりなき紛争は、旧石器時代にあまねく見られ、今にいたるまで衰える気配がない。より世俗的な社会では、宗教じみた政治的イデオロギーに変質しがちだ。宗教と政治的イデオロギーという思い込みの二大分野がひとつになる場合もある。「神はあなたではなく私の政治原則を寵愛されるから、あなたではなく私の原則のほうが神にふさわしい」

信仰はその持ち主に多大な心理的恩恵をもたらす。彼らが存在する意味を説明する。自分たちはほかのどんな部族集団の人間よりも愛され、守られていると感じさせる。より原始的な部族社会では、神と神に仕える者が信者に課した代償は、無条件で信じ服従することだった。この人間の魂の取り引きは、進化の歴史を通じて、平和なときも戦争のときも、部族を結束させる力を持つ唯一の絆だった。部族の人々に誇り高いアイデンティティーと正当な行動規範を授け、生と死の神秘的なサイクルの意味を説いたのである。

長い間、部族も、その存在の意味を創世神話によって定義することなしには生き延びられなかった。信仰が失われれば、部族への深い関与が急激に薄れ、共通の目的が弱まって消え去るという代償が待っていた。部族ごとの歴史の初期――ユダヤ教・キリスト教の場合は鉄器時代後期、イスラム教なら七世紀――において、神話を機能させるためには、それを不変のものにしなければならなかった。いったんそうなったら最後、一部たりとも放棄することはできなかった。部族の人間が疑いを差し挟むことは許されなくなった。時代遅れの教義に対する解決策としては、その裏をかくか、都合よく忘れるしかなかった。あるいは極端な方法としては、古い教義に決別し、対抗するまったく新しい教義を創り出すことだった。

言うまでもなく、ふたつの創造神話がどちらも真実ということはありえない。既存の無数の宗教と宗派が生み出した創造神話はどれも、じつは嘘っぱちだ。非常に多くの教養ある市民が、自分自身の信仰がじつは偽りだと、少なくとも細部は疑わしいと気づいている。それでも彼らは、ローマのストア派の哲学者セネカの言葉とされる、ある原則を心得ている。庶民は宗教を真実だとみなし、賢者は偽りだとみなし、為政者は有益だとみなす、というものだ。

科学者というのは本来、宗教を話題にする際は、疑念を差し挟むときでさえ慎重になりがちだ。著名な生理学者のアントン（アジャックス）・J・カールソンは、ローマ法王ピウス一二世が一九五〇年の聖座宣言として（つまり絶対に誤りのないものとして）聖母マリアは生きながら昇天したと宣言したことについて意見を求められ、次のように答えたと伝えられている。自分はその場に居合わせたわけではないのではっきりしたことはいえないが、高度一万メートルで気絶したのは間違いないはずだ、と。

この件に関しては、触らぬ神に祟りなしなのだろうか。否定するのではなく、とにかく忘れるべきなのだろうか。どのみち、世界の大多数の人々はどうにかうまくやっているようだ。しかしこの問題をなおざりにしておくのは、短期的にも長期的にも危険だ。国と国との戦争は、明らかに双方破滅的な結果をもたらすので、それを恐れて下火になったかもしれない。しかし反乱や内戦やテロは相変わらず蔓延している。そこで起きる大量殺戮のおもな原動力は同族意識であり、他者を殺そうとするような同族意識の柱となる原理は、宗派に分かれた宗教であり、なかでも異なる神話の信奉者同士の対立である。本書の執筆時点で、イスラム教シーア派とスンニ派は血で血を洗う闘争を繰り広げ、パキスタンの都市部ではイスラム教アハマディア派信徒が他のイスラム教徒に殺され、ミャンマーでは仏教徒主導の「過激派」がイスラム教徒を虐殺して、文明世界を震撼《しんかん》させている。急進的正統派のユダヤ教徒が嘆きの壁からリベラルなユダヤ人女性を締め出していることも、同じ社会病理の気がかりな初期症状だ。

宗教的戦士というのは特異な存在ではない。特定の宗教イデオロギーや教条的で宗教めいたイデオロギーの信奉者を、穏健派と過激派に分けて考えるのは間違っている。憎悪と暴力の真の原因は信仰と信仰の対立であり、同族意識という古い本能の表出だ。信仰は、本来は善良な人々に悪い行為をさせる一因である。どこであろうと、人は自分自身や自分の家族や自分の国に対する攻撃を許さない。自分の創世神話についても同じだ。たとえばアメリカなら、ほとんどの場所で、宗教的な霊性についての異なる意見をオープンに議論できる――神の本質やその存在についてさえ議論できるが、それは神学や哲学を背景にしての話だ。しかし他人や他の集団の創世神話について問いただすことは、それがどんなに馬鹿げた物語であっても、許されてはいない。他人が神聖視する創世神話について何であれけちをつけるというのは、「宗教的偏狭」なのだ。言い換えればそれは個人的な脅しも同然とみなされている。

それは、宗教の歴史は信仰による宗教的霊性のハイジャックの歴史ともいえる。既成宗教の預言者と指導者は、意識しているかどうかはともかく、霊性を、創世神話によって定義された集団に資するように使ってきた。畏怖の念を起こさせる儀式や聖なるしきたりや犠牲が神に捧げられるのは、この世での無事と永遠の生命の約束の見返りとしてである。この取り引きの一環として、神は正しい道徳的決断を下すことも迫られた。キリスト教の信仰のなかで、特定宗派の部族のほとんどでは、神は次の少なくともひとつを禁じなければならない。それは、同性愛、人工的な避妊、女性司教、そして進化だ。

アメリカ建国の父たちは、部族の宗教紛争のリスクを十分理解していた。ジョージ・ワシントンは「およそ人類の間に存在してきた悪意のうち、宗教における感情の違いに起因するものが、最も根深く悲惨で、最も非難すべきであるようだ」と述べた。ジェームズ・マディソンも同じ意見で、宗教対立の結果「洪水のように血が流された」と指摘している。ジョン・アダムズは「合衆国政府はいかなる意味でもキリスト教を礎にしてはいない」と主張した。だがそれ以降、アメリカは少しばかり脇道にそれてきている。政治指導者は信仰を持っていることを有権者に請け合うのが義務同然になっている。(元マサチューセッツ州知事で二〇〇八年と二〇一二年の大統領選で共和党の有力候補と目された)ミット・ロムニーがモルモン教の信者だということには、大多数が違和感を覚えていてもだ。大統領はしばしばキリスト教徒である顧問の助言に耳を傾ける。一九五四年にはアメリカ国民の「忠誠の誓い」に「神の下に」という文言が加わり、現在では選挙の主要な候補でこの文言を削除してはどうかとあえて提案する人間はいない。

最も真剣に宗教について書いている人々は、意味の超越的探求と、同族意識から創世神話を擁護することとを混同している。彼らは人格的な神の存在を受け入れているか、否定するのを恐れている。この世でもあの世でも堕落していない生き方を探求する一環として、神と意志の疎通を図ろうとする人間の努力を、創世神話の中に読みとる。知性と信仰の折り合いをつける人々は熟考の末に、特別な何かが確かに存在すると説得されてしまった。ニーバー学派の自由主義神学者、あいまいな知識で私腹を肥やす哲学者、C・S・ルイスの文学の崇拝者などだ。彼らは先史と人間の本能の生物学的進化については気づかない傾向があるが、どちらもこの非常に重要なテーマの解明に役立つはずだ。

折り合いをつける人々は解明できない問題に直面する。一九世紀オランダの葛藤する偉大な哲学者セーレン・キルケゴールはそれを「絶対的逆説」と呼んだ。キルケゴールによれば、信者が強いられる教義は不可能なばかりか理解不能であり、それ故に不条理であるという。彼がとくに念頭においていたのは、キリスト教の創世神話の中核だ。「不条理なのは、永遠の真理が存在するようになり、神が存在するようになり、この世に生まれ、育つなどして、人間のようになり、ほかの人間と区別がつかなくなったという部分だ」。さらに、いくら真実だと宣言されても、神がキリストとして苦しみを受けるべく物質的な世界に入り、実際に殉教者たちを苦しませるままにしておいたというのは理解しがたい、とキルケゴールは続けている。

絶対的逆説は、体と心の解明に真摯に取り組むあらゆる宗教のあらゆる人々を苦しめる。絶対的な逆説とはつまり、一〇〇〇億の銀河を創った全知の神が、快楽、愛情、寛大さ、復讐心といった人間的な感情を持ちながら、自らが統《す》べる地球の民が恐ろしい出来事に耐えている状況に、どうしたわけか常に無頓着だということを人間の知性では理解できないことである。「神は私たちの信仰をためしておられる」「神には神秘的な力がある」というのは説明にならない。

スイスの心理学者カール・ユングがかつて言ったように、問題のなかには、解明不可能で、とにかく「卒業」するしかないものもある。絶対的逆説もそのひとつに違いない。解決できないのは解決するものなどないからだ。問題があるのは、神の本質でもなければ神の存在ですらない。人間の存在の生物学的起源と人間の心の本性にこそ問題があり、それこそが人間を生物圏の進化の頂点に押し上げた。この現実の世界で生きるには、自分自身を悪魔と部族の神々から解放するに越したことはない。

第14章 自由意志

ヒトの脳を研究する神経科学者が自由意志に言及することはまれだ。少なくとも今のところは、哲学者に任せておいたほうがいいという考えが主流になっている。「そのうち準備と時間ができたらやる」とでもいわんばかりだ。一方、彼らが目を向けているのは、科学のより輝かしく、より現実味のある探究対象、つまり意識の物理的基盤であり、自由意志はその一部だ。意識ある思考という亡霊の正体を突き止める以上に、人間にとって重要な科学的探究はない。科学者も哲学者も宗教の信奉者も、誰もが一様に、神経生物学者ジェラルド・エーデルマンの言葉にうなずくはずだ。「意識こそが私たちが人間であり貴重な存在であるための保証人である。意識が永遠に失われれば、たとえ体にはまだ生きている徴候があっても、死に等しいとみなされる」

意識の物理的基盤という現象を理解するのは生易しいことではない。ヒトの脳は、生物も無生物も含めて、わかっているかぎりでは宇宙で最も複雑なシステムだ。脳の機能的な部位を構成する何十億もの神経細胞（ニューロン）のひとつひとつがシナプスを形成し、平均一万個の他の神経細胞とやりとりする。それぞれが膜の発火パターンというデジタル信号を使って、個別の軸索《じくさく》を通じてメッセージを発する。脳はさまざまな領野、核、およびそれらに機能を振り分ける舞台監督としてのセンターに分かれている。それぞれの部位はホルモンや脳の外部からの感覚刺激に対する反応が異なるが、全身の感覚神経細胞と運動神経細胞は、脳の一部といっていいほど脳と密接にやりとりしている。

ヒトの遺伝子コード全体には二万個から二万五〇〇〇個の遺伝子があり、その半数が何らかの形で脳と心のシステムの決定にかかわっている。これほどの深いかかわりは生物圏での高度な器官系の進化としては最も急速な進化のひとつから生じてきた。脳の大きさは、先行人類のアウストラロピテクス類の六〇〇ｃｃ（立方センチメートル）からホモ・ハビリスの六八〇ｃｃ、さらにホモ・サピエンスの約一四〇〇ｃｃへと、三〇〇万年間で二倍以上に増加した。

哲学者は二〇〇〇年以上にわたり、折に触れて意識の解明に取り組んできた。当然だろう。それが彼らの仕事だ。しかし生物学の知識がないため、無理からぬことながらたいてい成果がなかった。哲学の歴史は、煎じ詰めれば脳のモデルの失敗の歴史だといっても過言ではないだろう。パトリシア・チャーチランドやダニエル・デネットといった現代の神経哲学者の何人かは、こうした神経科学の研究結果を解釈すべく、素晴らしい取り組みをしてきた。たとえば、道徳と合理的思考が補助的な役割を果たしていることなどについて理解する手助けをしてきた。他の、とくにポスト構造主義寄りの哲学者はもっと退行的だ。彼らは、脳研究者の「還元主義」や「客観主義」の研究方法で意識の中核を説明できるかどうか怪しいものだ、と考えている。物理的根拠があるとしても、こうした見解の主観性は科学の範疇を超えている。これらの神秘主義者（とも呼ばれる）が持論を展開するために持ち出すのがクオリア、すなわち感覚刺激に対して私たちが感じる、いわくいいがたい感覚のことだ。たとえば、「赤い色」については物理学的には理解できるが、「赤さ」というより深い感覚は何なのだろうか。だとしたら、より大きなスケールで自由意志について、あるいは宗教思想家にとっては神聖さの極みである魂について、科学者は何を私たちに言うことができるだろうか。

より懐疑的な哲学者は、トップダウンで内省的な手法をとる。つまり、まず人間がどんなふうに考えるかを考え、それから説明を提示していくか、または、なぜ説明が存在しえないのかを突き止める。さまざまな現象について説明し、考えさせる例を提示する。彼らの結論によれば、意識には通常の現実とは根本的に違う何かがあるという。それが何であるにせよ、哲学者や詩人に任せておくに越したことはない。

一方、神経科学者はトップダウンとはまったく逆のボトムアップの手法をとり、こうしたことは一切認めない。この課題がいかに困難か、しっかり認識し、山には夢をかなえてくれるエスカレーターはついていないと承知している。ダーウィンのいうとおり、心という要塞は正面突破では攻略できないと考えている。代わりに防護壁からさまざまな探りを入れて要塞の奥に侵入しようとし、そこかしこで突破口を開き、作戦行動ができそうな空間を見つけては技術的な創意工夫と力によって侵入し探索してきた。

神経科学者であるには信念が必要だ。そもそも意識と自由意志が、統合されたプロセスおよび実体として存在するとしても、それがいったいどこに隠れているのか、誰にわかるだろうか。イモムシがチョウになるように、データのなかからいずれ姿を変えて現れ、その姿はキーツの詩に出てくるバルボアを取り巻く男たちのように、突拍子もない憶測で私たちを満たすだろうか。一方、神経科学はおもに医学との関連から、とても金持ちになった。神経科学の研究プロジェクトの年間予算は億単位から一〇億単位に拡大している（科学界ではこうした巨大な投資を必要とする科学を巨大科学《ビッグサイエンス》と呼ぶ）。同様の急成長は癌研究、スペースシャトル、実験素粒子物理学の分野でも起きている。

本書の執筆時点で、神経科学者はダーウィンが不可能だとした正面突破を仕掛けている。脳の活動地図をつくる「ブレイン・アクティビティー・マップ（ＢＡＭ）・プロジェクト」なる構想で、米国立衛生研究所（ＮＩＨ）や全米科学財団（ＮＳＦ）といったアメリカの主要政府機関が、アレン脳科学研究所と協力して計画し、オバマ政権の政策として支持されている。資金調達がうまくいけば、二〇〇三年に月着陸計画の生物学版ともいえるミッションを完了した、ヒトゲノム計画に匹敵する規模になるはずだ。ＢＡＭが目指すのは、すべての神経細胞の活動をリアルタイムで地図にすることにほかならない。技術の大半はプロジェクトを進めながら開発していかなければならない。

活動地図の基本的目標は、理性的なもの、感情的なもの、意識的なもの、前意識的なもの、無意識的なものをすべて含めた思考のプロセスを、静的な状態も時間を追っての状態もひとつ残らず物理的基盤と結びつけることだ。それは一筋縄ではいかない。レモンをかじる、ベッドに倒れ込む、別れた友人を思い出す、太陽が西の海の彼方に沈むのを眺める。どれひとつとっても大量の神経細胞の非常に込み入った活動によるもので、そのほとんどはまだ捉えられていないため、私たちにはまだ想像すらつかず、まして細胞の発火をそのまますべてデータとして記録し蓄積するなど至難の業だ。

ＢＡＭをめぐる懐疑論は科学者の間に蔓延しているが、目新しいものではない。ヒトゲノム計画やＮＡＳＡが実施する宇宙探査の大半も同様の抵抗に遭った。推進の追い風はマッピングの医療への応用、とりわけ精神疾患の分子的・細胞的基盤と、症状が出る前から有害な突然変異を発見することだ。

仮にＢＡＭや同様の企てが成功するとして、それらは意識と自由意志をめぐる謎をどのように解明するだろうか。解明は機能マッピング計画の最後にグランドフィナーレとしてではなく、比較的早い段階で訪れ、神経生物学は巨大科学として優遇され続けるのではないだろうか。脳の研究によって膨大な情報がすでに蓄積されているのは明らかであり、しかも進化生物学の法則と組み合わされているのでなおさらだ。

早期に解明されそうな理由はいくつかある。ひとつめは意識が進化の過程で徐々に出現したことだ。人間の異例に高いレベルまでスイッチを入れて照明をつけるように、突然到達したわけではない。ホモ・ハビリス系統の先行人類からホモ・サピエンスまで、脳の容量は急速だけれども少しずつ増加した。このことから、意識も他の複雑な生体システム——真核細胞や動物の目や昆虫のコロニー生活など——と同じように、段階を追って進化したのだろうと考えられる。

そうだとしたら、人間レベルの途中まで来た動物の種を研究することで、人間の意識に至る段階を追跡できるはずだ。ネズミは初期の脳マッピング研究の有力なモデルであり、今後も研究成果をもたらすだろう。研究室で飼育するのに（哺乳類にしては）好都合で、遺伝学や神経科学の先行研究の強力な土台があるなど、重要なメリットがかなりある。しかし、キツネザルやガラゴといったより原始的な種から、アカゲザルやチンパンジーといった、人類の系統に最も近い旧世界ザルの親戚も加えれば、実際の進化的連続性にいっそう迫ることができる。この比較によって、人間以外の種がどのような神経回路と神経活動を、いつ、どんな順序で獲得したのかが明らかになるだろう。そうして得られたデータから、研究の比較的初期の段階においてさえ、人間固有の神経生物学的形質が見つかるかもしれない。

意識と自由意志の領域への第二の入口は、創発的な現象、つまりすでにある実体とプロセスが合わさってのみ生まれてくる実体とプロセスを特定することだ。そうした現象は、現在の研究結果から推測できるとすれば、感覚系と脳の両方のさまざまな部位のつながりとシンクロした活動のなかに見いだされるはずだ。

一方、神経系は、細胞の社会における分業と専門化に基づく素晴らしく組織された超個体で、体は主としてそのサポート役だと考えると都合がいい。アリやシロアリの女王と、それを支える大量のワーカーは、これに似たものと見ていいだろう。個々のワーカーは一匹だけではそれほど頭がよくない。やみくもな持って生まれた本能のプログラムにしたがっており、それはほんの少ししか融通が利かない。プログラムはワーカーを一度にひとつかふたつの仕事に特化させ、年齢と共に特定の順序でプログラムを変えるよう指示する——普通は幼虫の世話係から巣作りと護衛係、そして餌の調達係という順だ。対照的に、ワーカーの総体となると素晴らしく頭がいい。必要な作業すべてに同時に取り組み、洪水、飢餓、敵対するコロニーによる攻撃といった致命的になりかねない緊急事態に対応すべく仕事の重点を移すことができる。この対比は誇張などではない。このようなことは、堅い文献でこれまでにもよく取り上げられてきたテーマで、古くはダグラス・ホフスタッターの一九七九年の古典『ゲーデル、エッシャー、バッハ——あるいは不思議の環』（白揚社刊）にまでさかのぼる。

加えて、人間の認識の範囲の狭さも大きな強みだ。私たちの視覚や聴覚などの感覚は、時間と空間の両方で、周囲にあるほぼすべてを感じとれているという気にさせる。それでも、すでに強調したとおり、人間が自覚しているのは時空のほんの一片にすぎず、自分たちが存在しているエネルギー場となるとさらにわずかだ。意識ある心は、これらの連続体のなかで私たちがたまたま占めているそうした部分のみが交わる交差点における私たちの意識の地図だ。おかげで私たちは、現実の世界で、より厳密には私たちの祖先である先行人類が進化した現実の世界で、生き延びるのに最も重要な出来事に気づき知ることができる。感覚情報と時間の経過を理解することは、意識そのものの大部分を理解することだ。この方向での進展は、以前に考えられていたほど難しくないかもしれない。

楽観的であっていいのではないかと私が考える最後の理由は、人間がつくり話を必要とする点だ。私たちの心は物語を語ることで成り立っている。現在の時間の一瞬一瞬に、現実世界の情報の洪水が私たちの感覚に押し寄せてくる。感覚がひどく制限されているのに加えて、受け取る情報は脳の処理能力をはるかに超えているという事実もある。この部分を補うために、私たちは過去の出来事の物語を総動員して文脈や意味を求める。それらを、思い出した過去と比較し、正しいものも間違ったものも含め、当時下した判断を応用する。それから、複数の競合するシナリオを、今度は単に思い出すのではなく、生み出そうとする。これらのシナリオは、覚醒した感情中枢の抑制もしくは強化の効果によって比較検討される。最近の研究結果によれば、その選択は脳の意識の中枢で行われ、意識の部分に到達するのはその数秒後だ。

意識ある精神生活は完全につくり話で築かれている。過去に体験した物語と、将来のためにつくり出した競合する物語とを絶えず見直す。私たちの、どちらかといえばわずかな感覚でできるかぎり処理する必要があるので、ほとんどは現在の現実世界と合っている。過去のエピソードの記憶は、楽しみ、リハーサル、計画、あるいはその三つのさまざまな組み合わせのために繰り返される。一部の記憶は抽象化されたり隠喩に仕立てられたりするが、それらは意識的プロセスのスピードと有効性を増す、より包括的なユニットとなる。

ほとんどの意識ある活動には、社会的相互作用の要素が含まれる。人間は他人の過去や感情的な反応に興味をそそられる。他人の意図や考えられる反応を読み、それに基づいて、空想の世界でも現実でもゲームをする。このレベルの洗練された物語には、莫大な記憶装置を収容できる大きな脳が必要だ。人間界では、生き延びる一助としてそれだけの容量がはるか昔に進化した。

意識に物理的基盤があるならば、自由意志にも同じことがいえるだろうか。言い換えれば、脳の多種多様な活動のうち、シナリオを創り出して独自の判断を下すようなものを脳の仕組みから引き離せるとしたら、それは何だろう。答えは言うまでもなく自己だ。それはどんなもので、どこにあるのだろう。自己は脳内部で独自に生きている超常的存在として存在するはずはない。むしろ、つくり出されたシナリオのドラマチックな主役だ。これらの物語において、自己は参加者としてでなく、オブザーバーやコメンテーターとしてであっても常に舞台の中央にいる。なぜなら感覚情報はすべてそこに到着し統合されているからだ。意識ある心を構成する物語は、脚本家と演出家とキャストの役目をすべて担っている、心の物理的、神経生物学的システムから切り離すことはできない。自己は、独立した存在として創り出されているが、それは幻影であって、現実には体の解剖学的構造と生理機能の一部なのだ。

しかし、意識を解明する力には常に限界があるだろう。仮に、神経科学者がある人間の脳のプロセスの全貌をなんとか細部まで知ったとしよう。それでその人物の精神を説明できるだろうか。無理だ。遠く及ばない。説明するには、その人物の脳が固有に持っている記憶の膨大な蓄積のふたを開ける必要がある。すぐに思い出せるイメージや出来事も、無意識の奥深くに埋もれたものもすべてだ。そんな偉業が限定的にでも可能だとしても、そんなことをすれば、記憶とその記憶に反応する感情中枢を変えてしまい、新しい心が出現することになるだろう。

さらに偶然という要素もある。体と脳は情報をやりとりしている数多くの細胞で成り立っており、それらの細胞は、それらの組み合わせでできている意識ある心には想像すらできないような不調和なパターンで変化している。細胞は、人間の知性では予測できない外部からの刺激に絶えず攻撃されている。刺激となる出来事のどれもが局所的な神経伝達パターンに変化の連鎖を引き起こす可能性があり、それによって個々の心がどう変化するかのシナリオは、細部のバリエーションがほとんど無限にあるといっていい。その内容は個人の経歴や生理的状態に応じて刻々と変わる動的なものだ。

個人の心は主観的にも客観的にも十分に説明しきれないため、自己という意識のシナリオの大物スターは、その独自性と自由意志を熱烈に信じ続けることができる。そしてそれは、非常に幸運な進化環境だ。自由意志を信じることは生物学的適応である。意識ある心は、よくてせいぜい現実世界への壊れやすい暗い窓といったところだ。自由意志が存在すると信じられなければ、運命の呪縛から逃れられないだろう。生涯を独房で過ごす囚人のように、探求の自由をすべて奪われ、驚きに飢えて、朽ちていくはめになる。

では自由意志は存在するのか。答えはイエスだ。究極の現実としてではなくても、少なくとも正気を保ち、それによって人間が永遠に存続するために必要な機能という意味では、自由意志は確かに存在する。

V 人間の未来

テクノサイエンスの時代に自由は新たな意味を獲得している。子供から大人の世界に足を踏み入れようとしている人間と同じように、私たちの選択肢はこれまでよりはるかに広がっているが、その分、リスクと責任も増している。

第15章 宇宙で孤独に、自由に

人間という種の物語は私たちに何を告げているのだろうか。ここでいう物語とは、宗教とイデオロギーにどっぷり浸かった古めかしいバージョンではなく、科学によって認識可能になった物語のことだ。大量で明白な証拠から、次のことは十分に言えると私は思う。私たちは超自然の知性によってではなく、偶然と必然によって、地球の生物圏に存在する無数の種のひとつとして創り出された。そんなはずはないと思いたいかもしれないが、外部からの恩寵が私たちの頭上に降り注いでいるという証拠はなく、私たちに課された明白な宿命だの目的だのも存在せず、この世での生を終えたのちに第二の生が約束されていることもない。私たちはどうやら正真正銘の天涯孤独らしい。それは非常にいいことだと私は思う。私たちは完全に自由なわけだ。そう考えれば、私たちを不当に分裂させる不合理な信念の原因は、診断しやすくなるだろう。私たちの目の前には、昔はほとんど想像もつかなかった新たな選択肢がある。それらの選択肢が私たちにもたらすのは、人間全体の結束という史上最大の目標に今まで以上に自信を持って取り組む力だ。

その目標を達成するには、正確な自己理解が欠かせない。では、人間の存在の意味とは何だろうか。本書でも示唆してきたように、それは私たちという種の叙事詩だ。生物学的進化と先史時代に端を発し、有史時代へと受け継がれ、現在では無限の未来に向かって加速している。それは私たちがどうしたいかという選択でもある。

人間の存在について語ることは、人文科学と自然科学の違いにより明確に焦点を当てることだ。人文科学は人間同士の、そして人間と環境とのあらゆるかかわりかたに非常に細かく取り組む。環境とは、美的な面や実用の面で重要な植物や動物などをさす。自然科学はそれ以外のあらゆるものを扱う。人文科学の自己完結した世界観は人間のありようについては説明しても、なぜこうであって、それ以外ではないのかについては触れない。自然科学の世界観のほうがはるかに大きい。人間の存在の意味——人間のありようの一般法則、人間という種の宇宙での位置づけ、そして人間がそもそも存在する理由——を網羅している。

人間は進化の偶然として、ランダムな突然変異と自然選択の産物として誕生した。私たちの種は、旧世界ザル（サル、類人猿、ヒト）のひとつの系統がいくつもの紆余曲折の末にたどり着いた終点のひとつにすぎない。旧世界ザルの系統には現在ほかに数百の在来種が存在し、それぞれが独自の紆余曲折の産物だ。私たちも、類人猿と同じ大きさの脳を持つアウストラロピテクスどまりで、果実を集め魚を捕り、結局はほかのアウストラロピテクスと同じく絶滅の憂き目に遭ってもおかしくなかった。

大型動物が陸を占拠してきたこの四億年の間に、ホモ・サピエンスだけが文明を生み出すに足る高い知能を進化させてきた。それに一番近いところまでたどり着いたのが、ヒトと遺伝的に最も近いチンパンジーで、現在ふたつの種（チンパンジーとボノボ）が存在する。ヒトとチンパンジーが、アフリカを起源とする共通の系統から枝分かれしたのは約六〇〇万年前だ。それからおよそ二〇万世代がすぎ、自然選択が一連の大きな遺伝学的変化を起こさせる時間はたっぷりあった。先行人類には、その後の彼らの進化の方向を偏らせるいくつかの利点があった。最初のところでは、半分樹上で生活し、それに伴って前肢を自由に使えるようになったことがある。この古い状況はその後、地上主体の生活に変わった。同じくバイアスをかけたのが、祖先が大きな脳を持っていたことと、気候が概して穏やかで、乾燥疎林が点在する草地が広がる広大な大陸があったことだ。時代が下ると、頻繁な野火によって草本や低木の植物の成長が促進されたことも、有利な前提条件に加わった。もうひとつ、それ以上に重要だったのが、野火によって最終的に調理した肉を食べる生活に移行できたことだ。進化の前段階で、このまれな条件の組み合わせは、破滅的な気候変動も、火山の噴火も、病気の深刻な世界的流行も起きなかったという幸運と重なって、初期の人類に有利なほうへ賽《さい》を転がした。

彼らの神のごとき子孫は地上の大部分にあふれ返り、残りのものをさまざまな度合いで変えた。私たちは地球の頭脳となり、そしておそらくは、銀河系のなかで私たちが占める一角全体の頭脳ともなっている。私たちは地球に対して何でも好き勝手にできる。私たちは、核戦争、気候変動、黙示録に記された最後の審判の日のキリスト再臨など、地球を破壊する話ばかりしている。

人間は本来は邪悪ではない。私たちには、十分な知性と善意と寛容さがあり、地球を自分にとっても自分たちを生んだ生物圏にとっても楽園に変えられるだけの進取の気性を備えている。私たちは今世紀末にはその目標を達成できていてもおかしくない。少なくともかなり目標に近づいていていてもいいはずだ。今のところ、すべてのネックになっている問題は、ホモ・サピエンスという種が本来機能不全である点だ。私たちは旧石器時代の呪いに縛りつけられている。何百万年に及んだ狩猟採集生活の時代には非常にうまく機能していた遺伝的適応が、全世界的に都市化したテクノサイエンス社会ではしだいに足かせになりつつある。私たちは、経済政策も、村より大きな単位の統治手段も安定させられないように見える。さらに、世界の大多数の人々が相変わらず部族的な既成宗教にとらわれている。そうした宗教の指導者は、信者を服従させ、その力や富などを利用する競争に勝つべく、自分には超自然的な力が備わっていると主張している。人間は部族間抗争の中毒になっている。それは、団体スポーツに昇華されている場合は害のない娯楽だが、現実の民族や宗教やイデオロギー間の闘争として表された場合には非常に危険だ。生まれついての偏向はほかにもある。私たちは自分のことで頭がいっぱいでほかの生き物を守ることなど思いもよらず、自然環境を破壊し続けている。自然環境は、人間という種が代々受け継いできた、かけがえのない、最も貴重な財産だというのに。そして、人口密度と地理的分布と年齢構成を最適化するための人口政策を提案することは、いまだにタブー視される。そうした考えは「ファシスト」的で、ともかくあと一、二世代は先送りできるだろうなどと甘い期待を抱いている。

人間という種の機能不全は、生まれついての近視眼を生んでおり、それらはすべて不快ではあるが、私たちにはおなじみのものばかりだ。人々は自分の部族や国を越えては他人をなかなか思いやれず、思いやる場合でさえ、一、二世代さかのぼるのがせいぜいだ。まして動物の種となると、犬や馬など人間が飼い慣らして忠実な友にした一握りの例は別として、気にかけるのはさらに難しい。

私たちの宗教や政治やビジネスの指導者は大部分、人間が超自然の知性によって創り出されたという説明を受け入れている。個人的には疑っていたとしても、宗教指導者に異を唱え、自分たちの権力と特権の源である大衆をいたずらに刺激することには消極的だ。より現実的な世界観に貢献しうるはずの科学者にいたっては、ことさらに失望させられる。大部分が雇われ従者で、自分の専門であり収入源でもある狭い分野にとどまって満足している知の小人だ。

機能不全の一因はもちろんグローバル文明が誕生してまだまもなく、発展途上にある点だ。だがそれ以上に、単にヒトの脳の配線がまずいことが災いしている。持って生まれた人間の本性は、私たちが先行人類と旧石器時代から受け継いだもの——チャールズ・ダーウィンが最初は解剖学において（一八七一年の『人間の進化と性淘汰』）、続いて感情を表す表情において（一八七二年の『人及び動物の表情について』〔岩波書店など刊〕）、「人間の卑しい出自の消しがたい刻印」と名指ししたものである。進化心理学者は性差、子供の精神的発達、序列、部族の攻撃性から、食餌選択にいたるまで、生物学的進化が果たした役割を説明しようとしてきた。

これまでの著作でも示唆してきたとおり、因果の連鎖はさらに深く、自然選択が働く生物学的組成にまで広がっていく。集団内部における利己的行動は競争上有利に働くが、集団全体にとってはたいてい有害だ。個体レベルの選択とは逆方向に作用するのが、集団同士の間に働く選択だ。協力的で利他的な個体は、同じ集団の他の個体との競争では、その分不利になるが、集団全体の生存率・繁殖率を向上させる。要するに、個体選択はいわゆる罪を奨励し、集団選択は美徳を奨励する。その結果、誰もが内なる良心の葛藤にさいなまれる。例外はサイコパスだが、彼らは幸いにも総人口の一パーセントから四パーセントしかいない。

自然選択の相反するふたつのベクトルが生んだものは、私たちの感情と理性にしっかりと組み込まれており、消すことはできない。内なる葛藤は、その人がおかしいから生じるのではなく、いつの時代も変わらぬ人間の性質なのだ。たとえば、ワシやキツネやクモにはそんな葛藤はない。彼らの性質は個体選択のみの産物だからだ。働きアリにも葛藤はない。彼らの社会的形質は完全に集団選択のみによって形づくられているからだ。

自然選択のレベルが競合する結果生じた内なる良心の葛藤は、理論生物学者があれこれ思案する難解なテーマにとどまらない。私たちの胸のうちに善と悪がいて、熾烈な戦いを繰り広げているのではない。それは、人間のありようを理解する基本となり、人類という種の存続に必要な生物学的形質なのだ。先行人類の遺伝的進化の過程で相反する選択圧力が働いた結果、生まれつきの情動反応が不安定に混在する状態が生じた。誇らしい、攻撃的、競争心旺盛、怒りっぽい、執念深い、打算的、不誠実、好奇心旺盛、大胆、部族本位、勇敢、謙虚、愛国的、思いやりがある、愛情深いなど、気分が万華鏡のように絶えず移り変わる精神が生まれた。普通の人間は皆、卑賤であると同時に高貴であり、それがえてして入れ替わり立ち替わり、ときには同時に現れる。

感情が不安定だという性質を私たちは維持したいと願うべきだ。それは人間の特質の要であり、創造性の源でもある。より理にかなった、大惨事に至らない未来を計画するためには、私たちは自分自身を進化の面でも心理の面でも理解する必要がある。分別ある行動を学習するべきだが、人間の本性を飼い慣らそうなどとは思うまい。

生物学者は、許容可能な寄生の負荷という極めて有用な概念を生み出した。厄介だが耐えられないことはない、と定義される。動植物のほぼすべての種が寄生者の宿主だ。寄生者はその名のとおり、他の種の生物の体や体内に寄生し、ほとんどの場合、宿主の命を奪うことなく体のごく一部を拝借する。いってみれば、寄生者とは獲物を丸ごとではなく一部だけ食べる捕食者だ。許容できる寄生者とは、自らの生き残りと繁殖を確保しながら、同時に宿主の苦痛と犠牲も最小限で済むよう進化してきた寄生者のことだ。個体が許容できる寄生者を完全に一掃しようとするのは間違いだろう。そのコストはやがて大きくなりすぎ、自分の体の機能まで危うくするに違いない。もしもこの原理を疑うなら、今この瞬間にあなたの眉毛の根元に寄生しているかもしれない（確率は約五〇パーセント）、顕微鏡でしか見えないようなニキビダニを駆除するのがどれだけ大変か、考えてみるといい。あなたの口の栄養たっぷりの唾液のなかで、善玉菌と混在している無数の悪玉菌についても同じだ。

社会性生物が生まれながらに破滅的な特質を備えているのは、寄生者の存在に匹敵するという見方ができ、その影響を文化の面で軽視するのは許容可能な教義負荷の減少とみなすことができる。顕著な例が超自然的な創世神話を鵜呑みにすることだ。もちろん現在の世界の大半で、教義負荷を加減するのは困難であり、危険ですらある。創世神話は信者を従属させることによる同族支配と、自分たちのほうが敵対する創世神話の信者よりも宗教的に優れているという思い込みの両方に寄与する。手始めに、それぞれの物語を細かく客観的に検討し、わかっている歴史的起源を説明するのもひとつの手で、（ゆっくりと慎重にではあるが）多くの研究分野ですでに始まっている。もうひとつ、非現実的だとは思うが、各宗教や宗派の指導者に対し、神学者の助力を得て、自分たちの信仰の超自然的な部分の正当性について、他の信仰に対抗し、かつ、自然要因と歴史分析の力を借りて、主張してみろと要請する手もあるだろう。

　特定の信仰の中心的教義に異を唱えることを冒瀆的だと非難するのは、万国共通の慣行となってきた。情報化の進んだ今の世界では、逆に、自分は神と話をするだけの神の代弁者だのと主張する宗教指導者や政治指導者を不謹慎だと非難するのは、むしろ理に適《かな》っている。信者の個人的な威信を、その信者が疑いもなくしたがうべき信念の威信よりも重んじる考え方だ。ゆくゆくは福音派の教会で歴史上の人物としてのイエスに関するセミナーを開催し、死の危険を冒さずにイスラム教の開祖ムハンマドの肖像を出版することさえ可能になるかもしれない。

そうなれば真の自由の勝利といえる。教義色の強い政治イデオロギーに対しても同じ慣行が採用できるかもしれない。世界にはそうしたイデオロギーが多すぎる。これらの世俗宗教の裏にある理屈はいつも同じで、論理的に正しいとされる主張に、上意下達式の説明と、それを裏づけるというお墨つきの、よりすぐった証拠の一覧が続く。狂信者も独裁者も、自らの前提について明確に説明し、核となる信念の正しさを証明することを求められたら、自分の力がなくなっていくように感じるだろう。

そうした文化の寄生者ともいうべきものでとくにたちが悪いのは、生物進化を宗教に基づいて否認することだ。アメリカ人の約半数(一九八〇年の四四パーセントから二〇一三年は四六パーセントに増加)は、そのほとんどがキリスト教福音派だが、世界の同数程度のイスラム教徒と一緒で、そうした進化は一度も起きていないと考えている。特殊創造説をとる彼らは、神が魔法の巨大な一撃もしくは数撃で人類と他の生き物を創造したと、頑なに主張する。彼らの頭は圧倒的な量の進化の断片的証拠を受けつけない。そうした証拠は分子から生態系、生物多様性の地理的分布にいたるまで、あらゆるレベルの生物学的組織とこれまで以上に連動するようになっているのだが。現在、進行中の進化が実地で観察され、関連する遺伝子まで特定されていることを、彼らは無視している。もっと厳密にいえば無視し続けることを美徳としている。同じく見過ごされているのが、研究室で生み出された新種だ。特殊創造説をとる人々にいわせれば、進化とはよくてせいぜい証明されていない理論だ。なかには、悪魔が思いつき、ダーウィンとそれに続く科学者を通じて人間を惑わすべく伝えられる考えだと主張する輩までいる。私は少年の時分に通っていたフロリダ州の福音派教会で、悪魔の手先となった人間はものすごく頭がよくてしっかりしているが、男も女も皆嘘つきだから、何をいわれても耳の穴に指を突っ込んで真実の信仰を守り抜かなければならない、と教わった。

民主主義では皆が自分の信じたいことを何でも自由に信じられるのに、なぜ特殊創造説のような意見を文化の寄生者呼ばわりするのか。それは、特殊創造説が、慎重に検証された事実に対するやみくもな信仰の勝利を象徴するからだ。特殊創造説は証拠と論理的判断によって練り上げられた現実認識ではない。宗教的な意味での部族の仲間入りをする代償の一部だ。信仰は個人が特定の神に服従する証しであり、その場合でさえ神に直接ではなく、神の名代を名乗る他の人間に対して差し出される。

そうした服従は社会全体に途方もない代償をもたらしてきた。進化は生物のみならず、いたるところで、あらゆるレベルで、万物の根本的なプロセスだ。それを分析することが、医学、微生物学、農学といった生物学には極めて重要である。さらに心理学、人類学、それから宗教の歴史そのものさえ、カギを握る構成要素である進化を、時間の流れに沿って徹底的に研究しないことには意味をなさない。「特殊創造説」の一環として提示される進化の明白な否認は、まったくのでたらめであり、子供が耳の穴に指を突っ込むのと同じで、原理主義者の信仰をこうしたやり方で黙認することを選ぶ社会の欠陥である。

やみくもな信仰がプラスになる点もあるのは確かだ。集団の結束を強め、メンバーに安心感を与える。思いやりと法律を守る行動を促す。こうしたメリットによって教義負荷を許容しやすくなる可能性はある。それでも、やみくもな信仰の究極の原動力は神の啓示ではない。集団の一員であると認められることだ。集団の幸福とその集団の縄張りを守ることは、超自然的に発生するのではなく、生物学的に発生する。神学的な意味で抑圧的な社会を除いて、個人にとっては、改宗や異教徒との結婚はもとより、道徳性と、それと同じくらい重要な、驚異を感じる能力は失わずに、信仰を完全に捨て去ることとさえ簡単だということがわかっている。

宗教以外にも、より論理的で立派な理屈はあるものの、文化を弱体化させてきた古めかしい誤解がある。最も重要なのは、自然科学と人文科学という学問の二大分野に知的接点がないという思い込みだ。それも、隔たりを大きくしておくほどいいとされる。

本書で論じてきたように、科学の知識と技術は今後も指数関数的に増え続け、分野によって一〇年から二〇年ごとに倍加するが、ペースダウンは避けられないはずだ。新奇な発見は広大な知識を生み出してきたが、発見のペースは鈍化して減少に転じるだろう。数十年以内にテクノサイエンス文化の知識は言うまでもなく現在に比べて膨大になるが、それは世界中どこへ行っても同じだ。今後も進化し多様化し続けるのは人文科学だろう。人類という種に魂があるといえるとすれば、その魂は人文科学のなかに生きている。

とはいえ、芸術とその学術的批評も含めたこの学問の大分野は、人間の精神が存在する感覚世界の限界に足止めを食っている。こうした限界は深刻だが、重大さがあまり認識されていない。人間以外の無数の種のほとんどは、味とにおいを頼りに生きているが、私たち人間は視聴覚主体で、味覚や嗅覚の世界には疎い。少数の動物が位置の確定やコミュニケーションに利用する電場や磁場には、まったく気づかない。視覚と聴覚の世界でさえ、他の生き物に比べれば見えておらず聞こえていないも同然で、じかに捉えられるのは大地と空気と水を通して身のまわりに押し寄せては去っていく、電磁スペクトルと圧縮周波数のごく小さな断片にすぎない。

しかもそれはほんの序の口だ。芸術は細かな描写については無限の可能性を秘めているが、現実には芸術が体現すべき元型と本能はごくわずかだ。芸術を生み出す感情の組み合わせは、最も強力なものでさえ非常に少なく、たとえばフルオーケストラで使う楽器の数にも及ばない。芸術家と人文科学者は概して、地球の時空の巨大な連続体を、生物に関する部分でも無生物に関する部分でもほとんど把握しておらず、まして太陽系やその先の宇宙となるとさらに把握できていない。ホモ・サピエンスが非常に特殊な種であることはきちんと認識しているものの、その意味や理由について時間をかけて考えることはほとんどない。

確かに自然科学と人文科学とでは、研究の対象も仕組みも根本的に違っている。それでも本来は互いを補うために生まれ、人間の脳の同じ創造プロセスから生じている。自然科学の発見し分析する力に人文科学の内省的創造性が加われば、人間の存在は高められ、どこまでも実り多く興味深い意味を持つものになるはずだ。

補遺

包括適応度の限界

利他主義と高度な社会組織の生物学的起源を説明するのに使われる遺伝的理論の重要性と、それを取り巻く議論が最近派手に取り沙汰されていることから、ここに包括適応度理論の最近の分析と、データ本位の集団遺伝学が取って代わるべき理由を掲載する。提示している資料は左に示す研究報告で発表済みのもので、数理解析および参考文献の部分は削除してある。論文は専門家による綿密な査読を経て発表された。

"Limitations of Inclusive Fitness," by Benjamin Allen, Martin A. Nowak, and Edward O. Wilson, *Proceedings of the National Academy of Sciences USA*, volume 110, number 50, pages 20135-20139(2013).

意義

包括適応度理論とは、ある形質の進化における成功度は適応度効果に血縁度を掛けたものの和として計算できるという考え方である。最近の数理解析がこのアプローチの限界を物語っているにもかかわらず、信奉者は包括適応度理論は自然選択理論そのものと同じくらい普遍的だと主張する。こうした主張は、個体の適応度を自己が原因の部分と他者が原因の部分に分割する線形回帰を根拠にしている。本論文では回帰分析が進化プロセスの予測や解釈には役立たないことを証明する。さらにいえば、回帰分析は相関と因果を区別できておらず、その結果、単純なシナリオを読み違えている。回帰分析の脆弱性は包括適応度理論全般の限界を強調する。

最近まで、包括適応度理論は社会行動の進化を説明する普遍的な手法として、広く認められてきた。本論文ではこれまでの批判を裏づけ、拡大しつつ、包括適応度がじつは制約つきの概念であり、進化プロセスのごく一部にしか当てはまらないことを立証する。包括適応度は、個体の適応度は個体の行動によって生じる相加的な構成要素の和であるという前提に立っている。この前提は進化のプロセスやシナリオの大部分には当てはまらない。

この限界を回避するため、包括適応度理論派が提案してきたのが線形回帰を用いるやり方だ。この方法に基づけば、包括適応度理論は（i）対立遺伝子頻度の変化の方向を予測し、（ii）こうした変化の理由を明らかにし、（iii）自然選択と同程度に普遍的であり、（iv）進化の普遍的な設計原則を提供する。本論文ではこれらの主張を評価し、すべて根拠に欠けることを証明する。社会行動を変化させる変異に自然選択が有利に働くのか不利に働くのかを分析するのが目的なら、包括適応度理論は一切必要ない。

包括適応度理論は社会性の進化における適応度効果を説明する方法だ。一九六四年にW・D・ハミルトンが導入し、一定の条件下では、進化は包括適応度の最も高い生物に有利な選択をすることを示した。この結果が設計原則と解釈されてきた。進化した生物は自らの包括適応度を最大化するかのように行動するというものだ。

ハミルトンは包括適応度を次のように定義している。

包括適応度とは、ある個体が実際に成体になった子をどれだけ残したかについて、あるやり方でその一部をとり去ったあと、あるやり方で増幅した結果として出てくる〝個人的な〟適応度と考えるとよい。個体から社会環境が原因と考えられるすべての構成要素を取り去ったものが、その環境の害もしくは恩恵に一切さらされない場合の適応度だ。この数量に個体自身が仲間の適応度に及ぼす害と恩恵の一定量を足す。ここでいう一定量とは単にその個体が影響を及ぼす仲間に応じた近縁度である。クローンの個体を一とすれば、きょうだいは二分の一、腹違いのきょうだいは四分の一、いとこは八分の一……最後に無視できるほど遠い関係の隣人はすべてゼロになる。

現在の包括適応度理論の式ではこれとは違う近縁度を用いているが、それ以外の面ではハミルトンの定義は今も生きている。

ここで非常に重要なのは、個人的な適応度が個々の個体の行動によって生じる相加的な構成要素に細分できると仮定されている点だ。問題の個体の個人的な適応度は「社会環境」による構成要素をすべて取り去られる。つまり、ある個体の個人的な適応度から他の個体によるあらゆる効果を差し引かなければならない。その結果、問題の個体が個体群の他のすべての個体の個人的な適応度にどう影響するかを計算しなければならない。いずれのケースでも個人的な適応度は各個体の行動によって生じた構成要素の和として表現できる、と仮定すべきだ。包括適応度は行動が行為者に及ぼす影響と他者に及ぼす影響に、それぞれのケースで行為者と他者の近縁度を掛けて算出される。

相加性仮説は包括適応度理論の概念に不可欠なものだが、明らかに、必ずしも普遍的とはかぎらない。たとえば個体の個人的な適応度は他者の行動の非線形の関数である可能性もある。あるいは個体の生存のために複数の他者が同時に行動することが必要な可能性も考えられる。たとえば女王アリが繁殖に成功するには、専門のワーカーの集団が協力行動をとる必要があるかもしれない。実験の結果、微生物における協力的行動の適応度効果は相加的ではないことがわかっている。適応度効果は相加的だと一概に仮定できないのは明らかだ。

包括適応度に対するふたつのアプローチ

包括適応度についての文献のなかに、相加性の限界を扱ったアプローチがふたつある。第一のアプローチは相加性が当てはまる単純化されたモデルのみに注目することだ。たとえばウィリアム・D・ハミルトンの包括適応度理論のもともとの式には相加性が仮定として含まれている。相加性は、変異が表現型に及ぼす効果は小さく、適応度は表現型によって異なるという前提の、当然の結果でもある。

M・A・ノヴァック、C・E・タルニータ、E・O・ウィルソンは、この第一のアプローチの数学的根拠を精査した。このアプローチには適応度効果の相加性以外にも数多くの制約的な仮定が必要であり、そのため進化プロセスのかぎられた部分にしか当てはまらないことを立証した。これに対し、一〇〇人を超える著者らが「包括適応度は自然選択そのものと同じくらい普遍的である」との声明に署名した。この明らかな矛盾を私たちはどう理解すべきだろうか。

じつは彼らの声明は包括適応度に代わりうる第二の別のアプローチに基づいており、そちらは相加性の問題を結果からさかのぼって扱っている。このアプローチでは、自然選択の結果は最初にすでにわかっているか具体的になっていなければならず、この結果を生んだ相加的なコストと利益を――実際の生物学的相互作用に対応しているかどうかに関係なく突き止めることを目指す。コスト（C）と利益（B）は線形回帰を用いて決定される。そのうえで遺伝子頻度の変化が $BR-C$ と書き換えられる。R は関係性を定量化した数値だ。線形回帰法はハミルトンが最初に包括適応度理論に取り組んだ際、続いて導入したもので、以来、改良されてハミルトン則の形式に頻度の変化を書き換える方法となってきた。

回帰分析は包括適応度理論の力と普遍性を主張する多くの意見に根拠を与える。たとえば、よくいわれるのが、回帰分析を使えば、包括適応度は相加性が必要だということを無視できるというものだ。回帰分析は自然選択の方向性を予測し、頻度のいかなる変化も関係のあるパートナー同士の社会的相互作用の結果として定量的に理解することにつながる、との主張もある。

ここではこれらの主張を評価するため、回帰分析がある進化上の変化について何かを明らかにするとしたら、何を明らかにするのかを問う。回帰分析で予測と説明が可能だという主張が誤りで、この方法が普遍性を持つという主張は意味のあるものではなく評価不能であることを証明する。これらの発見は包括適応度が進化の設計原則を提供するという考えに疑問を投げかける。実のところ、そうした設計原則は存在しない。

回帰分析では予測できない

続いて回帰分析に関するさまざまな主張について評価を行う。まずは回帰分析が選択の方向性を予測するという主張からだ。この主張は真実ではありえない。ある一定時間の形質遺伝子頻度の変化は最初に決まっているからだ。「予測」というのは単に既知の事実の要約にすぎず、*BR*－*C*は既定の結果に一致するようになっている。

回帰分析は異なる時間や異なる状況下で何が起きるかを予測するものでもない。シナリオや時間に何か変更があれば、最初のデータを明記し直してあらためて分析し、新たに独自の結果を出さなければならない。

予測できないというのは意外ではない。あるプロセスについて、その行動を事前に仮定することなく予測するのは論理的に不可能だ。モデル仮定がなければ、与えられたデータを別の形式で書き換えることしかできない。

この予測不可能という事実に実験主義者は気づいていた。最近のある研究では、回帰分析を用いて、大腸菌の抗生物質耐性が生じるのに必要な化学物質の合成を分析。「生産者と非生産者の特定のシステムについて*B*、*C*、*R*の数値を測定しても、個体群の構成もしくは個体の生化学の変化がどんな結果をもたらすかは予測できない」と結論している。

回帰分析では原因を説明できない

今度は回帰分析の説明力を評価する。すでに発表されている研究は、回帰分析で説明できるという主張に同意していないようだ。頻度変化の因果関係を説明できるという研究結果もあれば、考える際の有益なヒントを提供するとの主張にとどめているケースもある。それ以上に、回帰分析で算出される数値は利他主義や意地悪といった社会行動の用語で表現されがちで、因果関係が直接主張されない場合でも、これらの数値に因果関係があるように見せかける。

回帰分析によって対立遺伝子頻度が突き止められるという主張は正しいはずがない。回帰分析で特定できるのは相関関係のみであり、相関関係に因果関係は含まれない。それ以上に、回帰分析では、所定のデータに対応する相加的な社会適応度効果を突き止めようとするので、社会的相互作用が相加的でない場合や、適応度の変化が他の要因によるものである場合には、誤解を招きかねない結果が出る可能性もある。この原則に基づき、私たちは、回帰分析が頻度変化の理由を誤認するとの仮説に基づくシナリオを三つ提示する。

第一のシナリオは、「居候」形質の持ち主は適応度の高い個体を探し出して相互作用するというものだ。これらの相互作用は適応度には影響しないものとする。しかし、こうした探求行動の結果、適応度は居候をパートナーにすることと正の相関を持つようになる。したがって回帰分析ではB > 0という結果になる。提示された解釈によれば、居候は協力的で、パートナーに高い適応度をもたらすはずだ。だがもちろん、これでは因果関係が逆で、実際は適応度の高さは相互作用の原因であって結果ではない。

この居候の異形は多くの生物学的システムで発生しうる。鳥は適応度の高いつがいの巣に加わり、ゆくゆくはその巣を受け継ごうとする可能性がある。同様に、社会性を持つ狩りバチは親の適応度が高ければ巣立ちしない可能性が高い。この場合もやはり、ゆくゆくは巣を受け継ごうという思惑が働いている。こうした状況に対して回帰分析を用いれば、純粋に利己的な行動を協力と誤解する結果になりかねない。

第二の例は「嫉妬深い」形質だ。嫉妬深い個体は適応度の高いパートナーを探し出して攻撃し、相手の適応度を下げようとする。仮説シナリオでは、こうした攻撃は攻撃する側にとってコストが大きく、効果はそれほど大きくないため、攻撃された個体はその後も平均以上の適応度を維持する。回帰分析の結果はB, C＞0となり、嫉妬深い個体はコストの大きい協力に関与するという可能性を示唆する。これもやはり間違いで、実際には攻撃は有害であり、適応度の正の相関はパートナーの選択と攻撃の効果がないことによるものだ。

第三の例は「世話好き」な形質だ。世話好きな個体は適応度の低い個体を探し出して大きなコストを払って相手の適応度を向上させようとする。しかし、シナリオではこうした支援の効果は控えめであり、支援される個体の適応度はその後も平均を下回るものと仮定する。回帰分析の結果は$B < 0$, $C > 0$となり、適応度が向上しないのは世話好きな個体のおせっかいのツケだと誤って解釈される。

「仮定なき」アプローチ

最後に、包括適応度理論が「自然選択そのものと同じくらい普遍的」との主張を検証する。この主張によれば、回帰分析は対立遺伝子頻度の恣意的な変化に（変化の実際の原因に関係なく）適用できるので、自然選択のあらゆる例は包括適応度理論で説明できるという。

しかし、これまでに見てきたように、回帰分析は事実を述べるだけで、シナリオについて何の予測も説明もしない。確かに回帰分析で因果関係を正しく説明できるケースが存在する可能性はあり、あるシナリオについて得られた結果が別のシナリオについてもほぼ正確というケースも存在しうる。とはいえ、回帰分析はこれらのケースを見極める基準にはならない。それどころか、そうした基準の作成には根底にあるプロセスについてさらに仮定が必要だ。そうした仮定がなければ、回帰分析の結果は研究対象である状況に関する科学的疑問への答えにならない。したがって普遍性を主張しても無意味だ。

この実用性の欠如は技術的な見落としによるものではない。むしろハミルトン則を自然選択のあらゆるケースに当てはめようとするのが原因だ。ハミルトンの本来の式に直感に訴える力があることを思えば、そうしたくなるのは無理もない。しかし理論的枠組みの力は仮定から生じるものであり、仮定なき理論は何ひとつ予測することも説明することもできない。哲学者のルートヴィヒ・ウィトゲンシュタインが『論理哲学論考』で論じたように、あらゆる状況に当てはまる記述には具体的な状況に関する具体的な情報は何ひとつ含まれていない。

普遍的な設計原則は存在しない

包括適応度理論の概念は個体レベルでの社会性行動の進化を説明しようとする際に生じる。たとえば、包括適応度理論では繁殖にかかわらないワーカーの存在をワーカー自身の行動という観点から説明しようとする。こうしたアリたちは、自分の子孫を生むことではなく、女王を助けることによって、自らの包括適応度を最大化するという解釈だ。

進化は包括適応度を最大化するという主張は、進化の普遍的な設計原則と解釈されてきた。この主張の根拠になっているのは、進化は個体群の平均包括適応度を最大化するというハミルトンの説と、進化した生物は自らの包括適応度を最大化するかのように行動するというA・グラフェンの説である。いずれの説も適応度効果の相加性を含めた限定的な仮定に拠っている。現実の生物個体群における適応度効果は相加的でないことが実験によって証明されているので、これらの結果は普遍的なものとは思えない。さらに、理論でも実験でも、頻度に依存した選択は、多重平衡、リミットサイクル、カオスアトラクタといった複雑な動的現象につながり、普遍的な最大値の可能性を除外しかねない。したがって、進化は総じて、包括適応度をはじめとする数量の最大化にはつながらない。

進化理論への常識的アプローチ

幸い、社会行動の進化を理解するのに普遍的な最大値や設計原則は必要ない。むしろ正攻法の遺伝学的アプローチに頼ればいい。行動を変化させる遺伝的変異について考えてみよう。自然選択がそうした変異に有利に（または不利に）働くのはどういう状況だろうか。選択のターゲットは個体ではなく、行動を左右する対立遺伝子もしくは遺伝子の組み合わせだ。

こうした問題を理論的に検証するには、モデル仮説が必要だ。これらの仮説は非常に具体的で特定の生物学的状況のみに対応する可能性もあれば、大まかで広範なシナリオに対応する可能性もある。普遍的な（かつ厳密な）仮定に基づく枠組みづくりは、最近では、分布と集団の特徴と生理に応じて組織された個体群の進化、継続的形質の進化、それに包括適応度そのものの進化（適応度効果が相加的で、かつ他の要件を満たしている場合）を研究する強力なツールとして浮上している。これらの枠組みは普遍的な結果を得るために用いることができるものの、枠組み自体はいずれも普遍的でもなければ仮定がないわけでもない。むしろ仮定を利用して、対応するシステムについて明確かつ検証可能な予測を立てる。

考察

包括適応度理論は個体レベルに対応する進化の普遍的な設計原則を突き止めようとする。その結果得られるのは観察不可能な数値であり、一般には存在しない（相加性が求められる場合）か、予測あるいは説明としてはまったく役に立たない（回帰分析を用いた場合）。むしろ遺伝学的観点から、社会性行動を変える対立遺伝子に対して自然選択が有利に働くか不利に働くかを問うのであれば、包括適応度は必要ない。

包括適応度理論が何十年にもわたって幅を利かせてきたために、この分野の進歩は妨げられてきた。正当な批判や別のアプローチは絶えず抑え込まれた。とくに回帰分析を用いて相加性が必要だということを無視しようという試みは、論理的不明瞭さと普遍性があるという誤った主張につながっている。別の選択肢として、相加性を前提とする包括適応度の合理的な計算式で、一部の限られた状況での適応度効果を説明する手法も考えられるが、こうした手法は実際には必要なく、えてして無駄に込み入っている。進化生物学の分野には、包括適応度理論に基づく分析を必要とする問題は存在しない。

包括適応度の限界に気づいた今、社会生物学は前進する可能性がある。自然史の確固とした理解に基づく現実的なモデルを開発すべきだ。集団遺伝学や進化ゲーム理論、新たに開発される分析手法の助けを借りて、社会生物学の強力かつ強靱な理論を生み出せるはずだ。

謝辞

いつも変わらぬ支援と助言を与えてくれる〝アイク〟ことジョン・テイラー・ウィリアムズ、W・W・ノートン社の頼りになる編集者ロバート・ウェイル、そして調査・編集・原稿作成で計り知れないほどお世話になっているキャサリン・M・モートンに感謝を捧げる。

第2章「人間という種の謎を解く」は“The Riddle of the Human Species”(*The New York Times Opinionator*, February 24, 2013)、第3章「進化と内なる葛藤」は“Evolution and Our Inner Conflict”(*The New York Times Opinionator*, June 24, 2012)、第11章「生物多様性の崩壊」は“Beware the Age of Loneliness”(*The World in 2014, The Economist*, November 2013, p. 143)にそれぞれ手を加えて掲載した。

解説

長谷川眞理子

人生の意味と自然科学

本書は、私たち人間が、今ここで生きているとはどういうことなのか、その意味について考えようという書物です。人は誰でもときどきは、なぜ生きているのだろう、生きている意味とは何なのだろうと疑問に思うものです。その疑問は、どんなときに出てくるでしょう？　純粋に「なぜ？」という興味に基づくときもあれば、将来に不安を感じてのときもあるでしょう。それとも、何かうまくいかないことがあって、「なぜ、こんなつらい人生を生きていかねばならないのか？」という、疲労感に基づくときもあります。

本書は、とくに高校生などの若い諸君を対象に書かれたものです。みなさんは、どうして自分は生きているのだろうと疑問に思ったことはありますか？　あったとしたら、どんなきっかけで「生きている意味は何なのだろう」という疑問を持ったのでしょうか？　おとなは、先の三番目の疲労感に基づく疑問を持つことがよくありますが、若いからと言って、おとなと比べて人生が幸せだとは限りません。若い人たちも、いろいろなきっかけで、生きる意味について悩むことがあるはずです。

そういった疑問に対する答えを与える重要な源泉は、これまで、宗教と哲学でした。宗教は、神様という概念（信念）をもとに答えを与え、哲学は、文明が始まって以来、多くの学者がこの問題に関して考え続けてきたことの系譜を示してくれます。

では、自然科学はどうでしょう？　自然科学も、「私はなぜここに生きているのだろう」という疑問に答えられるのでしょうか？　自然科学には、普遍法則を追究すること、個々の現象の説明には仮説を立てること、それを理論または実験で検証することなど、厳密な研究手法があります。従来、自然科学は、とくに人間以外の自然現象を対象として研究を重ね、物理学、天文学、化学、地質学、生物学などなど、対象ごとに非常な勢いで発展してきました。

でも、人間が生きている意味などというものは、そういう手法では解明できないのではないか、という考えがあります。つまり、人間以外の自然について考えるのは自然科学だけれど、人間について考えるのは人文系の諸学、といったような棲み分けが当然のように受け入れられてきたきらいがあります。

ウィルソンは、それを壊そうとしています。ウィルソンだけではありません。二〇世紀の終わりごろから、多くの生物学者や心理学者たちが、人間存在の意味について、自然科学の成果から何か意味のあることを言うことができると思い始めました。その基礎は、ヒトという生物がどのように進化してきたのかに関する知識です。

進化史から見た「自分」の存在

この地球には、およそ三八億年前に生命が誕生しました。それ以来、生命はさまざまな種に分岐し、進化を繰り返し、多くのものが絶滅しながらも連綿と続いてきました。その地球上の生命は、大きく三つの系統に分かれています。それは、細菌類、古細菌類、真核生物の三つです。

細菌類は、大腸菌、肺炎菌などといった単細胞生物で、私たちと共生関係にあるものもあれば、私たちに悪さをするものもあります。古細菌類は、細菌類と一見似たような単細胞の生物ですが、その代謝系がまったく異なります。硫黄でいっぱいの温泉の中や、海底の熱水噴水孔などといった、あまり知られていない場所に住んでいます。人間の目から見れば（といっても小さ過ぎて肉眼では見えませんが）、細菌も古細菌も似たり寄ったりに見えますが、何十億年も前に違う道を歩み始めて今に至っているので、同じだと言われたら、彼らは怒るに違いありません。

真核生物は、細菌と古細菌以外のすべての生物で、私たちを含む動物、植物、菌類（キノコとカビ）、さまざまな原生生物が含まれています。遺伝情報が核という構造の中に収められている生物です。細菌、古細菌、真核生物という大きな三系統の違いから見れば、私たちとネズミはもちろんのこと、私たちとイチョウやアカパンカビとの違いなど、ほんのわずかなものに過ぎません。

私たちには両親がいます。その両親にも両親がいます。というふうにどんどん先祖にさかのぼっていきましょう。一方、アフリカの森に住んでいる一頭のチンパンジーにも両親がいます。その両親にも両親がいます。というふうにどんどん先祖にさかのぼっていくと、およそ六〇〇万年さかのぼったところで、祖先どうしが同じ生き物になります。それが私たちの共通祖先です。同じように、庭先にいる一羽のスズメにも両親がいます。その両親にも両親がいます。というふうにどんどんさかのぼっていき、二億数千万年さかのぼると、やはり祖先どうしが同じ生き物になります。というふうにさかのぼっていくと、大腸菌も硫黄細菌も、人間も、スズメもイチョウも、すべての生物は三八億年ほど前の共通祖先にいきつく、ということなのです。

これは素晴らしいことだと思いませんか？　今ここに存在する自分、今ここに存在するすべての生物個体は、どの個体も、三八億年間続いてきたからこそ、ここにいるのだということは、私には感動的に思えます。この三八億年間、どの生物もみな、少しずつ異なる環境の中で、少しずつ異なる偶然の積み重ねによって進化してきたので、これほどたくさん種類の違う生物がいるのです。生物学は、これがどのような道筋であったのか、どのように進化が起こってきたのか、を解明しています。こうして生まれた知識の中に、私たちはなぜ生きているのか、人生の意味は何なのか、という問いに答えられる何かはまったくないのでしょうか？　私はあると思います。ウィルソンも、あると思って本書を書き進めています。

つまり、「私がここに存在する」という事実に関して、①それをせいぜい数千年ほどの歴史の中でとらえ、その背景に神様などの超自然の力を想定し、「私」が存在する意味を考えたり、私が世界に対して何をするべきかを考えたりする、というのが、従来の人文系諸学でした。それに対して、②「私」がここに存在するのは、生物進化史の壮大な歴史の中の偶然である、という自然科学的事実を認識すると、「私」の存在に関して、何か理解の手助けになるものはあるかというのが、本書の提起する問題です。

地球外生命の意義

ところで、ここまでは地球上の生命の進化の話でした。では、生命は地球にしかいないのでしょうか？　そして、地球はいったいどうやってできたのでしょう？　それを言うなら、宇宙自体はどうやって存在するようになったのでしょう？

地球外の生命を探索するということは、「火星人の襲来」や「ＥＴ」やら、昔のＳＦ小説の中の話のように聞こえます。でも、そうではなくて、地球外に生命はあるか、という疑問を追究していくと、地球や宇宙全体の話、この宇宙に存在する元素の起源の話などにいきつくのです。私たちは、地球上の生命しか知りませんので、もしも宇宙のほかの場所でも生命が進化していたら、この地球上にいる生命と同じものなのかどうかはわかりません。もし、それがわかれば、私たちの生物学はもっともっと広く、普遍的な学問へと生まれ変われるに違いありません。

そして、地球以外にも生命があったら、そのことは、私たちがここに生きているということに、何か深い意味が付け加わるでしょうか？　それは、地球上の生命の三八億年の進化史に加えて、また別の進化の道筋があったということです。私たちの存在を取り巻く時空は、さらに深く広くなります。

では、私たちはその地球外生命と知りあうことができるでしょうか？　ウィルソンは、おそらく会うことはないだろうと述べています。そのことは、また、生命の進化には多数の他の生命の進化が関連しているので、「ＥＴ」のような一種だけを考えていたのではいけないことを示唆しています。私たちも、一種だけで存在しているのではありません。私たちの腸内にはたくさんの微生物が棲んでいます。私たちが他の生命体と出会えば、腸内細菌もいっしょにくっついてくるのです。地球上の各地で起こっている侵入種の問題と同様、こういったコンタクトは、その後どんな破壊的影響を引き起こすかわかりません。だから、会わない方がいいのです。

生態学と生物多様性と進化の生物学は、こんなことをも教えてくれます。

自然科学の知識と「価値」の問題

科学は、先に述べたような厳密な手法を用いて、自然界のさまざまな現象を解明していきます。地球の年齢が四六億年ほどだということや、生命の誕生は三八億年ほど前のことだった、ヒトともっとも近縁な生物はチンパンジーである、などという知識は、そのようにして得られたものです。科学の知識は、自然現象が「どのようにして」起こるのか、「なぜ」自然界がこのようになっているのかを教えてくれます。

さて、人生の意味や生き方に関する問題には、「どのようにして」や「なぜ」とは別の問いがあります。それは、「いかにするべきか」という問いです。世の中の問題解決の多くには、この問いがつきまとっています。「脳死を人の死とするべきか?」、「社会保障は拡大すべきか?」、「核兵器は廃絶すべきか?」、「争いの当事者どうしは、どうやって和解すべきか?」などなどです。「脳死はどのようにして起こるか?」、「脳死を人の死と判定するのが難しいのはなぜか?」という問いであれば、自然科学で答えることができます。しかし、では「脳死を人の死とするべきか?」という問いはどうでしょう? これは、科学の問いではありません。

これらの問いを混同してしまって、「科学で明らかになり、科学技術が発達したなら、それを使っていくべきだ」と単純に考えてしまうことを、「自然主義の誤謬」と言います。つまり、「なぜ」「どのようにして」がわかれば、それが自動的に「よい」ことであり、使う「べき」だとつなげてしまうのは、間違いなのです。脳死とはどんなもので、人の死がどのような過程であるかということが科学ですべて解明されたとしても、だから「脳死を人の死とするべきだ」ということにはならないのです。

「べき」かどうかという判断は、価値の判断です。何がよいことなのか、何がもっとも優先されるべきか、という価値判断です。科学は価値判断をするものではないのです。ですから、「人生いかに生きるべきか」という問いには、自然科学は答えられないことになります。

では、価値判断の問題について、科学はまったく関係ないのでしょうか？　私はそんなことはないと思います。脳死を人の死とするべきかを判断するためには、死という過程に関する科学的知識は絶対に必要です。脳死だけでなく、世の中の多くの事柄に対して価値判断をするためには、その事柄をもたらしている原因や、それらにかかわる要因について、詳しく知る必要があるでしょう。対象の詳細を科学的に知らずに決めるのは危ういことだと思いませんか？

自動車や飛行機やコンピュータを開発してきた私たちは、これらの技術を発展させるのがよいことかどうか、発展させるべきなのかどうかについて、あまり議論せずにきました。当然発展させるべきだと、暗黙のうちに価値判断していたのです。しかし、これらの技術がさらに発展し、一人で考えて一人で動いて何でもできる人間のようなロボットが作れるようになったらどうでしょう？　作れるからと言って、こんなロボットを本当に作ってよいものか、作ったとしたら、どう使うべきか、作り方の問題とは別に、まじめに議論しなければなりません。

社会生物学論争

生物学の知識は、二〇世紀からどんどん進んできましたが、この二〇年ほどでさらに飛躍的に発展しています。遺伝子や細胞、脳の仕組みなど、ミクロのレベルの話から、ヒトの行動と心理、そして、生物多様性や生態系など、マクロのレベルの話まで、どんどん知識が増えてきました。さらに、ヒトの行動や心理をもたらす遺伝子や脳の仕組みがわかってきたと言うように、ミクロとマクロの双方をつなげる知識も、一昔前とは比べ物にならないほど大量に私たちは持っています。

昔は、このような知識はありませんでしたから、人生をどう生きるべきかに関連した疑問や判断は、哲学と宗教の領域でした。つまり、価値判断をするにあたって有効な基盤となる科学的知識が少なかったのです。人はなぜ別の集団の人たちを「人間ではない」ように扱うことがあるのか、人はなぜみんなで共同作業をするのか、そのような行動はどのようにして生みだされるのか、などといった疑問に答えられる科学研究は、あまりなかったのです。そこで、このような問題は哲学や宗教のなわばりの中にとどまっていました。

それらの問題に関する科学的知識が少しずつ積み上がってきたのは、一九七〇年代からでしょうか。そしてウィルソンは、その黎明期に、人間の行動も他の動物の行動の分析と同じようにして解明されるはずだと考えました。彼は一九七五年に、『社会生物学』という大著を著しました。これは、当時明らかになってきた、動物の社会行動を統一的に説明する理論をまとめ、いろいろな動物群で観察される社会行動を分析した書物です。その最後の章で、ウィルソンは、人間の社会行動の説明を扱いました。そして、将来、人間に関する哲学や社会学などの人文系諸学は、生物学の一部となって統一されるだろうと述べたのです。

この発言は大反響を呼びました。そんなことはない、それは生物学者の傲慢だ、生物学決定論だ、と侃々諤々の議論が一〇年以上も続きました。これは、社会生物学論争と呼ばれています。その議論の核になっていたものの一つが、先に述べた自然主義の誤謬の問題でした。ヒトの行動や心理が生物学的に説明できるからと言って、ヒトがどう生きるべきか、どんな社会を作るべきかという問題とは何の関係もないはずだ、ヒトについて科学的に解明されることから「べき」を導き出すのは大間違いだ、という反論です。

実際のところ、ウィルソンは、そんなふうに、生物学的決定論を主張していたのではないのですが、そのような批判が大々的に巻き起こりました。政治的な立場の違いも論争の背景にあって、社会生物学論争はかなり過激な論争になりました。実際、ウィルソンは、ある講演会で講演をしようとしたところ、壇上に上がってきた反対論者に、頭から水をぶっかけられたことがありました。科学者が科学の講演をするという場で、このような乱暴な行動がとられるというのも滅多にないことです。いや、前代未聞のことで、それ以後もないと思います。

一九七五年は、私がまだ学部の学生だったころでした。当時はインターネットも何もない時代だったので、欧米の研究動向がすぐに日本まで波及することはなく、日本で社会生物学論争が活発になったのは、一九八〇年代になってからでしょう。私の周囲でも、もちろん論争が繰り広げられましたが、欧米ほど熱の入った議論にはならなかったという感想を持っています。それは、なぜなのでしょうね?

それでも、このような論争にもかかわらず、ヒトと動物の行動や心理を解明する科学はさらにどんどん進歩し、脳の仕組みや遺伝子のレベルとつなげる研究も飛躍的に進展しています。私が思うに、ウィルソンの社会生物学は、時期尚早だったのではないでしょうか。一九七五年当時は、理論が先走っていて、実際に行動と脳の仕組みや遺伝子とを結びつけるデータはまだわずかでした。さらに、遺伝子があるというだけではなく、遺伝子がどのように発現し、環境との関係はどうで、脳はどのように働いているのかと言った詳しい事実は、この二〇年ほどで急速に解明が進んでいます。

だから、ウィルソンは本書で、そろそろ人生について自然科学を用いていろいろなことが言える時期が来た、と宣言しているのでしょう。それは、自然主義の誤謬に陥っているのではなく、人間の生き方の問題について価値判断するときに、その参考となる科学的知識が十分に増えたということを意味しています。これまでの宗教や哲学の考えは、これらの新しい知識を参考にしてはいません。今や、科学的知識を十分参考にした上で、生き方の問題に価値判断を与えるという、新たな道が生まれたのではないかと提案しているのです。価値判断自身は、あくまで、私たちが別個に行うものですが。

科学が開く世界観

本書でウィルソンは、地球で起こった壮大な進化史の中で生まれたヒトという種の存在について、宗教ではなく、科学が解明した事実に基づいて考えようとしています。このような世界観では、何もかもを許して天国を約束してくれる神様はいません。人間は特別に選ばれた存在ではなく、神様の似姿でもなく、他の何百万という種と同様、偶然と必然の組み合わせによって生じました。

では、この世の苦しみに救いはないのでしょうか？　ないのです。科学が開く世界観では、私たちはこの宇宙で独りぼっち。孤独で殺伐とした世界観かもしれません。しかし、ウィルソンも言うように、見方を変えれば、私たちは自分たち自身のあり方に責任を持つ、自由な存在です。自分で考え、選択していかねばならない。自由というのは、本来、そのように孤独なものです。

しかし、そうやって自分たちについて、世界について、考えているのは、私たちの脳です。では、脳は、どんな臓器なのでしょう？　本書は、進化の結果として人間が持っている脳の働きと心理についても多くを語っています。ヒトは、からだの割に大変大きな脳を持っており、こうしていろいろな学問を発展させてきたのですから、とても賢いことは確かです。しかし、ヒトの脳は誰かが万能機械として設計したものではないので、とても万能などではありません。ヒトの脳は、ヒトという生物が進化の過程で解かねばならなかった問題を解くように、つまり、ヒトが原始の環境でうまく生き延びて子どもを残していけるような情報処理、問題解決をするように、進化してきた臓器です。

では、ヒトが進化した環境でうまく生き延びるための情報処理、問題解決とは何だったのでしょうか？　それは、現代の私たちが学校で習うような問題ではありません。そうではなくて、素早く危険を察知し、捕食者から逃れ、みんなで力を合わせて食料を獲得することでした。そのようなことができるのとできないのとでは、死活問題です。ですので、長い進化の歴史の結果、ヒトの脳は、そのような問題を察知して情動的に反応するようにバイアスがかかっています。

そこで、ヒトは、互いの心を読みあって共同作業ができるようになりました。これほどの規模と範囲で協力的な行動をする動物は、ヒト以外にありません。それは素晴らしいことですが、人間どうしの間には、必ずや競争や闘争があります。自分の利益になることが、必ず他人の利益になるとは限りません。では、どうしたらよいのか？

ヒトの心理には、このような葛藤に対するスイッチがたくさんあります。見ず知らずの他人のために命を投げ出す行動をするときもあれば、他の文化の人間を人間ではないとおとしめ、危害を加えることもあります。それらは、ある特定の文化や教育がそうさせているというだけではなく、ヒトの心理が、さまざまなレベルの競争と協力の葛藤の結果として進化してきたということもあります。

最近の心理学、認知神経科学は、そのような脳の働きも明らかにしてきています。そういう知識があれば、競争はあっても、無用な闘争に発展することがないようにするにはどうすればよいかがわかるでしょう。ヒトが他者に協力したり、他者に危害を加えたりする心理メカニズムが科学的に理解されるようになれば、その歯止めの具体的な提案もできると思います。

世の中は不幸や不平等で満ちており、不運に見舞われることもしばしばあります。そのようなとき、何でもわかってくれてなぐさめてくれる「神様」という存在があれば、確かに気が楽になります。でも、集団ごとにその拝む神様が違えば、食べ物も生活習慣も違うようになり、それが「私たち」と「奴ら」という区別に発展します。そして、世の不幸に対するなぐさめの源泉であるはずの神様が、世の不幸を生みだす源泉にもなってしまうのです。

進化生物学は、個体間の葛藤がどのような行動を生みだすか、さまざまな分析を行い、知識を増やしてきました。このような知識を武器に、「神様」抜きで社会をうまく運営し、平和で幸せな世界を築くことはできるでしょうか？　ウィルソンは、できると提案しています。本当にそうできるかどうか、私にもわかりませんが、希望はあると思います。

ウィルソンの包括適応度批判について

エドワード・ウィルソンはアメリカ合衆国の進化生物学者で、アリの研究者として出発しました。アリの個体は女王とワーカーに分かれていて、女王は卵を産むだけですが、ワーカーたちは、巣を作って維持し、餌を集め、子どもの世話をし、敵の襲撃から巣を護ります。このようにワーカーの仕事は細かく分業されていますが、全体は素晴らしく機能しているように見えます。

興味深いのは、仕事をしているワーカーたちは不妊で、仕事をしない女王だけだが産卵するという点です。どうしてこんな生物が進化したのでしょう？　自然選択による進化の理論を最初に構築したダーウィンも、このことを疑問に思いました。「子どもを産まない」という性質は、その子孫というものが存在しないのに、なぜ次の世代に受け継がれるのでしょう？　ワーカーたちは、巣や他の仲間を守るために命を犠牲にすることもあります。そんな形質が、なぜ進化できるのでしょう？

この疑問に対し、ダーウィンもなんとか答えを見いだそうとしましたが果たせませんでした。そこに見事な理論的解答を与えたのが、英国の理論生物学者のウィリアム・ハミルトンでした。ハミルトンは、自分自身の持つ遺伝子は、自分の血縁者たちにも、血縁の近さに応じて重みづけして配分されているので、そのような血縁者を血縁度の重みに応じて助ければ、自分を助けたのと同じことになる、という議論を展開しました。

つまり、自分自身の適応度が減少するようなコストがかかっても、自分の血縁者が血縁度に応じて得る利益がコストを上回れば、そのような行動は進化するということです。これが、ハミルトンの血縁選択の理論です。

そこで彼は、自分自身の適応度に、自分の行為によって血縁者の適応度がどれだけ上昇したか、その増加分に血縁度をかけたものを加えた総量を、包括適応度と呼びました。自分の行為によって適応度が上昇した血縁者が五人いれば、その五人分の増分の総和、一〇人いれば一〇人分の増分の総和を、自分自身の適応度に足したものです。

ウィルソンは、一九七五年の『社会生物学』執筆当時はもちろんのこと、ごく最近まで、血縁選択にそった議論をしてきたのですが、なぜか最近、この理論をひどく攻撃しています。本書にも、その攻撃の議論が盛り込まれています。この議論がどうなるか、まだわからないところはありますが、現在のところ、多くの進化生物学者は、理論家も野外観察家も実験家も、ウィルソンに賛成してはいません。これは専門的な議論ですが、ウィルソンのマルチレベル選択に関する議論の部分は、少し距離をおいて読んだ方がよいかもしれません。

そのような注意点はありますが、本書には、それも含めて、かなり斬新で挑発的な考えがちりばめられています。ここから出発していろいろな考えが生まれ、みなさんで議論に花を咲かせていただければと思います。今の日本は、考えの違う人どうしが真剣に議論しあうという雰囲気が薄くなってきていると思います。まるで、同じ考えですよとうなずきあうことだけが「和」であるかのように思われていないでしょうか？

でも、それは違います。多様な考えの人たちが多様な議論を展開し、そして、基本的に他者に寛容であること、それこそが、よりよく、より強い社会を作る原動力だと思います。本書を題材に、そんな議論の練習ができるのではないでしょうか。ウィルソンはもうずいぶん年をとっていますが、本書は、ウィルソンから若者への挑戦かもしれません。これを受けて、未来は若者が切り開くものです。

［はせがわ・まりこ 行動生態学］

訳者あとがき

二〇一四年にアメリカで出版された、エドワード・O・ウィルソン著 *"The Meaning of Human Existence"*（『人間が存在する意味について』）の全訳をお届けします。著者のウィルソンはアラバマ州バーミングハムの自然に囲まれて育ち、今や世界屈指の生物学者として知られる人物。それだけに、生き物たち、なかでもアリなどの昆虫をめぐる著作の数々は、読む側の知的好奇心を大いに刺激すると同時に、小さくも驚異的な能力を秘めた存在に対する著者の並々ならぬ熱意と愛情を感じさせます。

研究成果の集大成ともいうべき本書では、ウィルソン先生じきじきの案内で生命の進化の歴史をたどる旅へ。私たちの足元で人知れず繰り広げられている小さな生き物たちの営みに光を当て、果てしなく広がる宇宙空間のどこかに生命が存在する可能性を探り、無限の可能性を秘めた未来にも目を向けながら、人間が存在する意味を私たちひとりひとりに問いかけます。好奇心という切符さえあればどなたでも参加ＯＫ。本書を手に取ってくださったあなたも、よろしければぜひ。

原書を読んで、訳者自身が子供のころに出合った、ある絵本を思い出しました。タイトルは『せいめいのれきし』（石井桃子訳、岩波書店刊）、作者はバージニア・リー・バートン。バートンはエンジニアの父と詩人で芸術家の母の間に生まれ、少女時代はマサチューセッツ州の小さな町で歌や踊りや芝居や物語に夢中になり、結婚後は海辺の村で自然に囲まれて暮らしながら数々の絵本を世に送り出しました。そんな彼女が生物学や地学などの科学的知識を勉強し、生涯最後に手がけた「地球上にせいめいがうまれたときからいままでのおはなし」は、ウィルソンが呼びかける自然科学と人文科学の統合にも通じるものがあるように思います。『せいめいのれきし』が子供たちを驚異に満ちた世界へと誘う一冊だとすれば、本書はいってみればその大人版。より新しく専門的な知識の裏づけに基づいて大人の知的好奇心を満たしつつ、人間中心のテクノサイエンス時代に生きる現代人が忘れがちな生命の神秘をあらためて思い起こさせる――そんな一冊ではないでしょうか。

長年にわたり生物学の研究に打ち込んできたウィルソンは、自らの知識と経験を基に、人間による自然破壊・生物多様性の崩壊が急速に進む現状に警鐘を鳴らしています。自然科学と人文科学の統合を呼びかけている点や同族意識をあおる宗教の危険性を指摘している点も、国立大学の人文系学部の縮小などという話が出てくる日本の風潮や、世界各地で宗教がらみのテロや内戦が相次いでいる現状を思うと、大いにうなずけるものがあります。

がちがちの文系でアナログ人間の訳者が、「包括適応度」だの「真社会性」だのといった専門用語にひるみながらも本書の翻訳を引き受けた背景には、そうしたメッセージへの共感もありました。ところどころにまぶされた、そこはかとないユーモアの隠し味も含めて、著者の意図がすんなり伝わるような訳を心がけましたが、いかがでしょうか。太古の昔から、今を生きる私たちへ、さらに未来へとつながっていく「終わりのない物語」。壮大なロマンを楽しむような気持ちでページを繰っていただけましたら、訳者冥利に尽きます。

広い広い宇宙に地球という星が生まれ、生命が存在できる環境が生まれ、やがて原始の生命が生まれ、それから長い長い進化の紆余曲折の果てに、人類が生まれ、高度な文明が生まれて……。ヒトを含めた生命の来し方行く末に想いを馳せるとき、自分が今この瞬間、この場所に存在していることが、いかに幸運なめぐり合わせの積み重ねによって実現した奇跡かを思い知らされます。しかし残念なことに、都市化の影響か、このごろは大人でも子供でも昆虫が苦手な人が増えたとか。おなじみの学習帳の表紙から昆虫の写真が消えたと一時話題にもなりました。自然に触れる機会が減り、ほかの生き物の世界から遠ざかるほど、ヒトという生き物はますます傲慢で「人間中心」になっていくのかもしれません。

著者も第5章で触れているとおり、バイオテクノロジー、ナノテクノロジー、ロボット技術の進歩には目覚ましいものがあります。「3Dプリントを使って精巧なロボットの働きアリを開発」といったニュースが飛び込んでくることも珍しくない時代になりました。「進化」の意味合いもこれまでとはだいぶ変わってくるのかもしれません。行く手に広がる無限の可能性のなかから、私たちははたしてどんな「進化」の道を選ぶのでしょうか。

最後になりましたが、出版にあたっては多くの方々のお力添えをいただきました。解説と訳語のチェックをご快諾くださいました長谷川眞理子先生。本書を訳す機会を与えてくださり、終始フォローしてくださった亜紀書房編集部の内藤寛さんと寺地洋了さん。原文の読解に関して訳者の理解不足を補い貴重なアドバイスをくださったMike Loughranさん。お世話になったすべての方に、この場をお借りして心より御礼申し上げます。

二〇一六年五月

小林由香利

エドワード・O・ウィルソン著書一覧

●*The Theory of Island Biogeography*, with Robert H. MacArthur (1967)

●*A Primer of Population Biology*, with William H. Bossert (1971)
［『集団の生物学入門』巌俊一・石和貞男訳、培風館］

●*The Insect Societies* (1971)

●*Sociobiology: The New Synthesis* (1975); new edition, 2000
［『社会生物学』伊藤嘉昭ら訳、新思索社］

●*On Human Nature* (1978); 一九七九年ピューリッツァー賞一般ノンフィクション部門受賞
［『人間の本性について』岸由二訳、筑摩書房］

●*Caste and Ecology in the Social Insects*, with George F. Oster (1978)

●*Genes, Mind, and Culture: The Coevolutionary Process*, with Charles J. Lumsden (1981)

●*Promethean Fire: Reflections on the Origin of Mind*, with Charles J. Lumsden (1983)
［『精神の起源について』松本亮三訳、思索社］

●*Biophilia* (1984)
［『バイオフィリア』狩野秀之訳、筑摩書房］

●*The Ants*, with Bert Hölldobler (1990); 一九九一年ピューリッツァー賞一般ノンフィクション部門受賞

●*Success and Dominance in Ecosystems: The Case of the Social Insects* (1990)

●*The Diversity of Life* (1992)
［『生命の多様性』大貫昌子・牧野俊一訳、岩波書店］

●*Journey to the Ants: A Story of Scientific Exploration*, with Bert Hölldobler (1994)
［『蟻の自然誌』辻和希・松本忠夫訳、朝日新聞社］

●*Naturalist* (1994); new edition, 2006
［『ナチュラリスト』荒木正純訳、法政大学出版局］

●*In Search of Nature* (1996)
［『生き物たちの神秘生活』廣野善幸訳、徳間書店］
●*Consilience: The Unity of Knowledge* (1998)
［『知の挑戦——科学的知性と文化的知性の統合』山下篤子訳、角川書店］
●*Biological Diversity: The Oldest Human Heritage* (1999)
●*The Future of Life* (2002)
●*Pheidole in the New World: A Dominant, Hyperdiverse Ant Genus* (2003)
●*From So Simple a Beginning: The Four Great Books of Darwin*, edited with introductions (2005)
●*Nature Revealed: Selected Writings, 1949-2006* (2006)
●*The Creation: An Appeal to Save Life on Earth* (2006)
［『創造——生物多様性を守るためのアピール』岸由二訳、紀伊國屋書店］
●*The Superorganism: The Beauty, Elegance and Strangeness of Insect Societies*, with Bert Hölldobler (2009)
●*Anthill: A Novel* (2010)
●*The Leafcutter Ants: Civilization by Instinct*, with Bert Hölldobler (2011)
［『ハキリアリ——農業を営む奇跡の生物』梶山あゆみ訳、飛鳥新社］
●*Kingdom of Ants: José Celestino Mutis and the Dawn of Natural History in the New World*, with José M. Gómez Durán (2011)
●*The Social Conquest of Earth* (2012)
［『人類はどこから来て、どこへ行くのか』斉藤隆央訳、化学同人］
●*Why We Are Here: Mobile and the Spirit of a Southern City*, with Alex Harris (2012)
●*Letters to a Young Scientist* (2013)
［『若き科学者への手紙——情熱こそ成功の鍵』北川玲訳、創元社］
●*A Window on Eternity: Gorongosa National Park, Mozambique* (2014)

著者

エドワード・O・ウィルソン

Edward O. Wilson

世界有数の生物学者。ふたつの科学分野（島嶼生物地理学と社会生物学）と、自然科学と人文科学を統合する３つの概念（バイオフィリア、生物多様性、コンシリエンス）をつくり上げ、地球の生物多様性研究の大きな技術的進歩（オンライン版生物百科事典「エンサイクロペディア・オブ・ライフ」）に貢献した功績で知られる。アメリカ国家科学賞、スウェーデン王立科学アカデミーが授与するクラフォード賞（生態学分野、ノーベル賞に相当）、日本の国際生物学賞、ノンフィクションで２度のピューリッツァー賞、イタリアの国際ノニーノ賞、日本のコスモス国際賞など、科学および文芸での受賞歴は100を超える。現在はハーバード大学名誉教授および同大学自然史博物館の名誉学芸員（昆虫学）。

訳者

小林由香利

こばやし・ゆかり

翻訳家。東京外国語大学英米語学科卒業。訳書に、P・W・シンガー『ロボット兵士の戦争』、ローレンス・C・スミス『2050年の世界地図——迫りくるニュー・ノースの時代』、ケヴィン・ダットン『サイコパス——秘められた能力』（NHK出版）、アリソン・レヴァイン『エゴがチームを強くする——登山家に学ぶ究極の組織論』、レイル・ラウンデス『どんな場面でもそつなく振る舞えるコミュニケーション・テクニック90』、アート・マークマン『スマート・チェンジ——悪い習慣を良い習慣に作り変える５つの戦略』（CCCメディアハウス）などがある。

ヒトはどこまで進化するのか

2016年7月9日　第1版第1刷　発行

著　者　エドワード・O・ウィルソン
訳　者　小林由香利
発行所　株式会社亜紀書房
郵便番号 101-0051
東京都千代田区神田神保町 1-32
電話 (03)5280-0261
http://www.akishobo.com
印　刷　株式会社トライ
http://www.try-sky.com
組　版　コトモモ社
装　幀　芦澤泰偉＋五十嵐徹（芦澤泰偉事務所）

Printed in Japan
ISBN978-4-7505-1475-8 C0045